中嶋聖雄・高橋武秀・小林英夫 編著

自動運転の現状と課題

社会評論社

はしがき

　自動運転は実現するのか。実現するとすれば、いつ、どのようなかたちをとるのだろうか。現在、世界の自動車メーカーが、その開発にしのぎを削っている。自動運転が可能となれば、それは自動車産業はもちろん、それを取り巻くICT産業やサービス産業においても、100年来の大変革となりうる。しかし、自動運転車はまだ構想・初期開発の段階で、その実用化には多くのハードルが存在する。技術上の問題はもちろんだが、事故の可能性がある時にAIがどのような判断を下すようにプログラムすべきか、また事故の責任帰属の問題——AIか人間か？——など、法的・社会倫理的にも解決すべき難題が山積している。

　本書所収の論考は、自動運転の現状をできる限り正確に把握し、その実現の前に立ちはだかる課題を明確化し、さらにその課題解決に向けての提言を模索する目的で執筆されている。各章は、浦川・和迩の二つの章を除いて、2017年3月から2018年2月まで、計10回開催された、早稲田大学自動車部品産業研究所主催・2017年度「自動運転プロジェクト研究会」で発表された内容をもとにしている。

　本書の研究対象である自動運転という事象自体が、様々な可能性・将来的発展の方向性を秘めたムービング・ターゲットであるので、編集方針としては、敢えて統一的な見解に収斂するように各章をアレンジするのでなく、なるべく多くの分野の専門家の考察を多元的に提示することをめざした。すなわち、自動運転という現象を、技術論のみ、あるいは産業論のみ、といった単一の視点

から論じるのではなく、当該現象に関わる種々の領域を網羅するかたちで、総合的・有機的に把握することに努めている。社会システム全体（法律・行政や経済・産業・企業・経営、また技術的発展、さらには文化的領域を含む）と自動運転の関わりを論じるというアプローチである。自動運転問題への最終的な解を提示しているわけではないが、本書が自動運転研究の新たな展開の一助となることを願っている。

　本書出版にあたっては、多くの方々のご協力とご支援をいただいた。ここにすべてのお名前を挙げることはできないが、各章の執筆者及び、本書企画当初から強い関心を示していただき、編集作業へのサポートとご理解をいただいた社会評論社の新孝一氏に深く御礼申し上げたい。

　なお本書は、早稲田大学総合研究機構・学術出版補助費を得て刊行されたものである。

中嶋聖雄

自動運転の現状と課題

目次

はしがき／3

序章　自動運転と社会：社会学的分析の可能性
――――――――――――――――――――中嶋聖雄・13

はじめに／13
1. 科学技術社会論／14
   (1) 技術の社会的構成…14
   (2) アクター・ネットワーク理論…21
   (3) 技術システム・アプローチ…25
2. 経済社会学・組織社会学／29
3. 移動研究／32

第1章　自動運転導入のための課題
――――――――――――――――――――高橋武秀・39

はじめに／39
   (1) 自動運転への社会的認識…39
   (2) 本章の課題…41
   (3) 本章の構成…41
1. 「自動運転」技術の概観／42
   (1) 移動体運行の概念化…42
   (2) 運送モード毎の「自動運転」導入状況…42
   (3) 交通安全要求への対応…43
2. 自動運転車のカテゴリー／44
   (1) 自動運転のカテゴリー化の実際…44
   (2) 日本型の自動運転の定義…46
3. 運転エラーの回避：自動運転車と人間によるエラーの回避法の違い／49
4. 自動運転と通信の役割／51
5. 「通信」「情報のやりとり」の持つ脆弱性／52
6. システム不具合の解消：市場リコールとハッキング対策／55
7. レベル3での運転責任の委譲問題／56
   (1) 人の操縦能力の劣化…57

(2) 自動車での運転引き継ぎ問題…58
　8. 自動車の構造と、自動運転の社会システムの組み立てへの影響／60
　　　(1) 交通ルールの必要性…60
　　　(2) 自動車運転ルールとその現場創発性…60
　　　(3) 交通ルールの現場創発性と自動運転車の運行が起こす混乱…62
　9. 責任分配論：ADAS（高度運転支援車）と Autonomous Driving（自動運転車）での相違／64
　10. 自動運転車の実社会導入の手順／68
　11. 総括／71
　おわりに／73

第2章 **自動運転車への各社の取り組み**
　　　　　　　　　　　　　　　　　　　　　　　　──松島正秀・77

　はじめに／77
　1. 自動運転に向かう技術開発／78
　2. 各社の自動運転実用化／79
　　　(1) TESLA…80
　　　(2) GM…82
　　　(3) FORD…83
　　　(4) Mercedes Benz…84
　　　(5) VW/AUDI…85
　　　(6) BMW…86
　　　(7) 日産…87
　　　(8) トヨタ…88
　　　(9) ホンダ…90
　3. 運転システムの課題／91
　　　(1) 実用化の守備範囲と課題…91
　　　(2) 自動運転車の事故責任…91
　　　(3) 自動運転技術へのアプローチ…94
　4. 自動運転がもたらす自動車産業への影響／95
　　　(1) 自動車産業の革新…95
　　　(2) 経営システムの変革…95

（3）新しい価値を創造する新興産業…96
　5. 自動運転の実用化／97
　　　（1）自動運転ビジネスの試行と社会への影響…98
　　　（2）シェアリングビジネスの拡大…99
まとめ／101

第3章　自動運転実用化に向けた OEM、自動車業界、産官学プロジェクトの取り組み

　　　　　　　　　　　　　　　　　　　　横山利夫・103

はじめに／103
1. 世の中の自動運転システムへの期待／105
2. 先進安全運転支援システムの現状／106
3. ホンダの自動運転 Vision ／108
4. 自動運転の定義／109
5. 自動運転技術の現状／110
　　（1）自車位置認識技術…111
　　　　i) Global Navigation Satellite System（GNSS）…111
　　　　ii) 慣性航法…112
　　　　iii) Simultaneous Localization and Mapping（SLAM）…112
　　（2）外界認識技術…112
　　（3）行動計画…114
　　　　i) 行動計画の役割…114
　　　　ii) 行動計画への入出力…114
　　　　iii) 行動計画の階層性…115
　　　　iv) ロボティクス技術の応用…116
　　（4）車両制御システム…117
　　（5）Human Machine Interface…118
　　（6）自動運転技術の高度化…120
　　（7）自動運転技術に関する協調領域の取り組み…120
　　（8）現在の国際道路交通協約…121
　　（9）現在の自動運転に関する国際基準調和の活動状況…123
　　（10）まとめ…125
おわりに／125

第4章 自動運転による自動車事故と民事責任
——————————————————————浦川道太郎・129

1. 自動車事故に関する民事責任の現状／129
   (1) 民法の過失責任主義による事故責任と自動車事故責任の厳格化…129
   (2) 我が国における自動車事故責任の厳格化：自賠法の制定と自動車事故に関する民事責任制度の概要…131
      ⅰ) 運行供用者…132
      ⅱ) 運転者…132
      ⅲ) 運行…133
      ⅳ) 他人…133
      ⅴ) 損害・損害賠償…134
      ⅵ) 自動車損害賠償責任保険・任意の自動車保険…135
      ⅶ) 免責事由…136
      ⅷ) 政府保障事業…136
2. 自動運転における事故と民事責任／137
   (1) 自動運転のレベルと運転操作の主体…137
   (2) システムによる自動車操縦が現行法制度に与える影響：前提的な法的課題…139
   (3) 自動運転が自賠法に基づく民事責任・保険制度に与える影響…139
   (4) 自動運転が物的損害事故の民事責任制度に与える影響…144
3. 自動運転における民事責任の方向性と今後の課題／147
   (1) 自動運転における人的損害に関する民事責任と今後の課題…147
   (2) 自動運転における物的損害に関する民事責任と今後の課題…150

おわりに／152

第5章 自動運転技術に係るレギュレーションの国際的なルールメーキング
——————————————————————和迩健二・159

はじめに／159
1. 日本における自動車の車両安全対策／160
2. 自動運転のルールメーキング／166
3. レギュレーションの国際調和について／171
4. WP29における自動運転に関するルールメーキング／174

5. 自動運転の段階的な導入と自動運転のレベル／176
おわりに──自動運転のめざすもの／179

第6章 中国における運転支援システム装備の現状と将来計画
──────小林英夫・183

はじめに／183
1. 自動運転研究の現状──中国を中心に／185
2. 中国政府の「青写真」／187
3. 中国での運転支援システム技術の展開／189
   (1) 中国自動車企業各社の運転支援システム装備の現状…189
   (2) 中国自動車企業各社の運転支援システム装備の将来計画…192
      i) 中国系企業の将来計画…192
      ii) 日本企業の中国での自動運転将来計画…194
      iii) 欧米系企業の中国での自動運転将来計画…194
   (3) 中国新興企業の自動運転計画…195
4. BYDの自動運転システムへの取り組み／196
5. 中国での各社のモビリティサービスの現状／197
   (1) 海馬汽車…197
   (2) 滴滴…198
   (3) 上海汽車…198
   (4) 江淮汽車…199
   (5) 東風汽車…199
   (6) 浙江吉利控股集団…199
   (7) 3社（重慶長安・一汽・東風）連合…200
おわりに──中国の運転支援システム問題の課題／200

第7章 [鼎談] 自動運転問題の現状と課題
──────中嶋聖雄・高橋武秀・小林英夫・205

1. 自動運転に関する3つの論点／205
2. 人間の代替か、その先を行く安全技術か／207
3. 自動運転の法律問題／215
4. 諸外国ではどうなっているのか／218
5. AIはどこまで対処できるのか／223

6. 司令塔は必要か／226
7. 産官学連携の中の官の役割／229
8. サービス業としての自動車産業／234
9. 100年に一度の転換期／238
10. 自動運転は不可避／243
11. 現実は作り出されるもの／248

文献目録：自動運転車関連
―――――――――――三友仁志監修・石岡亜希子作成・257

序章
自動運転と社会：社会学的分析の可能性

中嶋聖雄

はじめに

　本書は、自動運転という現象を、技術論のみ、あるいは産業論のみ、といった単一の視点から論じるのではなく、当該現象に関わる種々の領域を網羅するかたちで、総合的・有機的に研究することをめざしている。法律・行政や経済・産業・企業・経営、また技術的発展、さらには文化論を含む広義の社会と自動運転の関わりを論じるというアプローチである。「当該現象に関わる種々の領域」とは言っても、個別研究を羅列するだけでは分析的な視点に欠けるので、本章では、本書所収の各章を俯瞰するための理論的枠組みを準備する。その際のよりどころとなるのは、私の専門である社会学の視点である。自動運転という現象を分析するに際して、有用であると思われる社会学的議論は無数にあるので、本章では、私の問題関心にもとづいて、その中から、科学技術社会論、経済社会学・組織社会学、移動研究の三つの分野を紹介する。それらが自動運転という現象をどのようにとらえ得るのかを、経験的事例を挙げながら記述することが、本章の目的である。

1. 科学技術社会論

科学技術社会論（Science, Technology, and Society [STS]）は、科学と技術研究（Science and Technology Studies [STS]）と呼ばれることもある社会学の一分野で、社会（法律・行政、経済・産業・企業・経営、文化等を含む広義の社会）が、科学と技術にどのような影響を与えるのか、また科学と技術が社会にどのような影響を与えるのか、を研究する学際的学問分野である。科学技術社会論にも様々な立場があり、分野内での論争は絶えないが、本分野に共通するのは、技術決定論──（1）技術の発展はそれを取り巻く社会・文化的状況から自律したプロセスであるという視点と（2）技術が社会的発展を一方向的に規定するという視点が混在する（Bijker 1995: 238）──に対する批判である。ヴィーベ・バイカー（Wiebe Bijker）によると、「1980年代に、技術と社会を、技術的・社会的・政治的・経済的要素が密に繋がり合った、混成のアンサンブルとして分析する研究が進められた。」（Bijker 1995: 249）[1]。バイカーが「社会技術アンサンブル」（sociotechnical ensembles）（Bijker 1995: 249-252）と呼ぶそれら研究の中から、彼も注目している三つのアプローチを紹介しよう[2]。

(1) 技術の社会的構成

まず、技術決定論に対して、技術に対する社会の影響力に着目する立場として、ピンチとバイカーの「技術の社会的構成」（Social Construction of Technology [SCOT]）がある（Bijker, Hughes, and Pinch, eds. 1987）。自転車の発展の歴史に関する研究が有名であるが（Pinch and Bijker 1984, 1987）、従来の「技術の単線的発展モデル」（linear model）に対して、「技術の多方向的展開」（multidirectional view）という視点を提起する。

技術の単線的発展モデルにおいては、初期のボーンシェイカー（boneshaker）（「骨揺すり」と呼ばれるほど乗り心地が悪かった）が客観的により良い技術に基

づいたペニーファージング（オーディナリーとも呼ばれた）にとってかわられ、さらなる技術発展によって、現在の自転車の原型となるローソンのビシクレット（チェーンによる後輪駆動）に行きつく、というストーリーが描かれる。すなわち、自転車技術の発展には、技術的・客観的に単一の必然的発展経路があり、自転車技術開発者たちがその技術内在的経路に沿い、問題を解決していったのが、自転車の発展の歴史である、とする見方である。

このような見方に対して、技術の社会的構成アプローチは、技術の発展の可能性は多方向に開かれており、どのような技術的問題が解決すべき問題として同定されるか、そしてそれにともなってどのような技術的解決が模索され、技術がどのような特徴を持つものに発展してゆくかは、その時々の社会・文化的状況や人間の関与によって、「社会的に構成」されてゆくという見方である。

ピンチとバイカーは、社会の意向が自転車の開発に与える影響を重視し、「関連社会グループ」（relevant social group）なる概念を提出する。関連社会グループとは、「（軍や特定の企業のような）制度や組織、あるいは組織化されている場合もされていない場合もある人間の集まり」(Pinch and Bijker 1987: 30) を指す。例えば、前輪が後輪よりも数倍大きいオーディナリーに乗るには多大な筋力が必要だったので、ユーザー（関連社会グループの一つ）は、移動の手段ではなくスポーツとしての自転車利用を志向する若い男性であり、筋力の面からも、前輪に合わせて高いサドルにまたがるという動作からも、女性が利用することは避けるべきものとされていた (Pinch and Bijker 1995: 34-39)。しかし、潜在的ユーザーとしての女性が、技術者や生産者によって認識され始めることによって、様々な安全技術が模索され、関連社会グループの意味づけのし合いが続き（例えば自転車をスポーツととらえるか移動手段ととらえるか）、（オーディナリーに比べて）前輪のタイヤ径が小さく、チェーンによる後輪駆動のローソンのビシクレットが、現在の自転車の原型として、1879年に世に問われることとなった。

ピンチとバイカーの言葉を引用してまとめると：

> 技術の社会的構成アプローチにおいては、技術の開発プロセスはヴァリエーションとセレクションの繰り返しとして記述される。すなわち、イノベーション研究の大部分で明示的に、また技術史の多くにおいて暗黙の前提とされるリニア・モデルとは異なる、「多方向的モデル」である。多方向的視点は、技術の社会的構築論に不可欠のものである。もちろん、歴史の後知恵として、多方向的モデルをよりシンプルなリニア・モデルとして無理やり記述することも可能だが、そうすることは、私たちの中心的主張である、開発の「成功した」ステージは、唯一の可能性ではなかったという視点を無視することになる。

(Pinch and Bijker 1987: 28)

自転車の例に再び引き寄せると：

> 発展プロセスをこのような仕方で記述することは、様々な種類の対立を浮き彫りにすることになる。異なる関連社会グループによる、対立する技術的要請（例えば、スピードを重視するか、安全性を重視するか）；同じ問題に対する対立する解決（例えば、車高の低い安全自転車と車高の高いオーディナリーに安全機能を付加したもの）；倫理的対立（例えば、車高の高い自転車に女性がスカートで乗るべきかズボンで乗るべきか）。このような見方においては、これら対立や問題に対しては、多種多様な解決がありうる――それらは技術的な解決だけではなく司法的、あるいは倫理的なものまでも含むのである（例えば、女性がズボンをはくことに対する態度の変化）。

(Pinch and Bijker 1987: 35, 39)

では、上記の技術の社会的構成は、自動運転研究にどのような示唆を与えてくれるだろうか。一言で言えば、自動運転技術に唯一の最適解はない、ということである。自動運転のレベルの例で示そう。自動運転レベルの分類にはいくつかの種類があるが、最も広く採用されているのは、SAE International によ

る、六つのレベルの分類である。簡潔に言うと、レベル０が自動化の無い状態で人間の運転手がすべての運転タスクを担う；レベル１が操舵あるいは加速／制動のどちらかを自動運転システムが担う；レベル２が操舵および加速／制動の両方をシステムが担うが、運転手が常に環境を監視しフォールバック時には運転タスクを担う；レベル３が操舵および加速／制動の両方に加えて、環境の監視もシステムが行うが、フォールバック時には運転者が運転タスクを担う；レベル４が一定の運転モード下（ある特定の地域、時間、速度、交通状況、そのほかの環境のもと）で、フォールバック時も含めてすべての運転タスクをシステムが担う；レベル５が全ての運転モード下での完全自動運転である。特にレベル２（運転主体が人間の運転者）とレベル３（運転主体が自動運転システム：フォールバック時は人間の運転者）の間の技術的ハードルが高いとされる。いずれにしても、技術的側面にのみ注目した場合、実現難易度の順はある（レベル１が最も容易でレベル５が最も困難）。しかし、技術の社会的構成が主張するように、自動運転を社会現象としても見た場合には、どのレベルの技術が自動運転の技術として社会に受け入れられ定着するかは、今後の関連社会グループの意味づけ如何で決まるのであって、技術的・客観的に方向性が決まっているわけではない。

　もう少し具体的に、トヨタが打ち出している「ガーディアン」（Guardian）（守護者）と「ショーファー」（Chauffeur）（お抱え運転手）という、自動運転技術に関するコンセプトで例示しよう。トヨタの企業ヴィジョンである「WHAT WOWS YOU」のビデオ・コンテンツに、高齢のため運転をあきらめた男性が完全自動運転の「ショーファー」でドライブにでかけ、車で風を切る喜びを思い出す。そこで、高度な安全運転機能を備えた「ガーディアン」の車のハンドルを握り、自らが運転して往年の趣味だった釣りに出かける、というストーリーである。例えばであるが、もし関連社会グループが、自動車を運転する喜びを車に求め続けるなら、ガーディアンが自動運転車の成功型として普及するかも知れないし、もし関連社会グループが、自動車の運転を主にコストとしてのみとらえるようになるのであれば、ガーディアンは消え、ショーフ

ァーのみが自動運転車として残ることになるかも知れない。この例は、客観的に優れた技術が選択され、歴史に残る、というイノベーションのリニア・モデルに疑問を投げかける技術の社会的構成の分析的有用性を示すものである。

　さらに敷衍すると、技術の生き残りには、関連社会グループの文化的認識枠組み、すなわち認知的・規範的フレーミングが重要な影響を与えるということである。自動運転技術の発展の方向性は、すでに決められているのでなく、社会によって決められていくのである。社会学の専門用語を使えば、自動運転技術の将来を見極めるには、「行為遂行性」（performativity）──言明することがその内容を現実化してゆくこと──の重要性を認識する必要があるということだ。

　技術の社会的構成に関連して、自動運転を考える上で分析ツールとして有用な観点を、さらにいくつか紹介しよう。まず、「経路依存」（path dependence）という概念がある。フィリップ・ゲンシェルによると：

　　経路依存とは、ポジティブ・フィードバックを伴う社会的選択のプロセスを指す。ポジティブ・フィードバックとは、一つ一つの選択が相互強化的であることを意味する：もしBではなくAが一度選択されると、その後もAが選ばれる可能性が高くなるということである。」
　　（Genschel 2006: 507）

　ポール・A・デーヴィッドの研究（1985）で有名になったいわゆるQWERTYキーボード──アルファベット文字列の上段左側がQWERTYになっている、現在の一般的なキーボード配列──の例で説明しよう。19世紀末、アメリカでQWERTY配列のキーボードが発明されたときには、それは、無数の可能なキーボード配列の一つでしかなかった。QWERTYキーボードが支配的な地位を占めるきっかけとなったのは、タイピングのスピードを競うコンテストで、ある人物がQWERTYキーボードを使った、十指を使うタッチ・タイピングで優勝したことだった。十指タッチ・タイピングは、QWERTY以

外のキーボードでも可能なものであるが、初期段階にたまたまQWERTYキーボードが十指タッチ・タイピングのためのキーボードとして選ばれたことによって、10指タッチ・タイピングを学習しようとする人たちがQWERTYキーボードを選択することが繰り返され、製造者もQWERTYキーボードを製造することを選び、さらに多くの消費者がQWERTYキーボードを選ぶことにつながっていった。このようなポジティブ・フィードバック・メカニズムによって、キーボード技術においては、QWERTYキーボード以外の選択は縮小し、QWERTYキーボードが現在でも主流のキーボード配列になっているのである。

ゲンシェルによると、QWERTYキーボードの例は、経路依存の以下の四つの特徴を表しているという。

- 複数の均衡（Multiple equilibria）：可能な結果は複数存在しており、事前にどの結果が支配的になるかを予測することは不可能なこと。QWERTYが支配的になったことは、構造的に初めから決まっていたのではなかった。キーボードに文字を配列する、同様に効率的な仕方はQWERTY以外にも存在していた。
- 偶然（Contingency）：最終結果は、プロセスの初期の特定の選択のシークエンスによって決定された。この初期フェーズの小さな出来事が、それ以降のプロセスに、不均衡なほどに多大な結果を及ぼすことがある。それは、ある選択に、その競合者に比して、初期の優位を持つことを助けるからである。歴史は重要なのである（History matters.）。
- 非柔軟性（Inflexibility）：ある解決が初期の優位を得ると、その優位性は、ポジティブ・フィードバックによって増幅され、それを覆すことは漸増的に難しくなる。プロセスが、その特定の解決を「ロック・イン」し、潜在的な競合者を「ロック・アウト」するのである。
- 非・最適化（Non-optimality）：プロセスが、いつも最適な選択にロック・インすることは保証されていない。もし、劣った競合的選択が初期の優位性を得たなら、より優れた解決を駆逐して、支配的になるかも知

れない。競争は、効率を保証しない。
(Genscgel 2006: 507-508)

　以上のように、経路依存の理論は、それまで当然視されていた新古典派経済学の「収穫逓減」(diminishing returns) という考え方に疑問を投げかけるものであり、1980年代になって初めて、「収穫逓増」(increasing returns) について本格的に議論されるようになった。代表的論者であるW・ブライアン・アーサーは、収穫逓増の源泉を下記の四点にまとめている（Arthur 1988: 10, 1994: 112）[3]。

・大規模な初期コストあるいは固定コスト (large set-up or fixed costs)：すでに投入された費用が、その後の変更をコストの高いものにしてしまい、変更を困難にしてしまうこと。
・学習効果 (learning effects)：反復的学習が製品の質を向上させたり、反復的使用がユーザーの利用コストを下げること。
・調整効果 (coordination effects)：同様の行為を行っている行為者と同じ行為を行うことによって、その行為を行うことの優位性が増すこと。
・自己強化的期待 (self-reinforcing expectations)：ユーザーは、技術の将来的な発展の方向性に対する期待にもとづいて、技術を選択することになる。その期待は「予言の自己成就」(self-fulfilling prophecy) (Merton 1948) 的な効果をもつ。すなわち、（客観的な事実とはある程度独立に）ユーザーが将来的に一番普及するであろうと思う技術を選択することによって、実際にその技術が普及してゆくことになること。

　以上、説明が長くなったが、上記の概念──経路依存とロック・イン──が、自動運転研究に与える示唆は何であろうか。まずは、ある自動運転技術を普及させるには、その発展の初期（初期コストあるいは固定コスト）になるべく多くのユーザーに利用してもらい（学習効果と調整効果）、その特定の技術が将来広

まるであろうと期待させる(自己強化的期待)ことが重要ということである。さらに言えば、必ずしも最も優れた技術が選択されるとは限らないので、技術の彫琢に努めるとともに、ユーザーの文化的認識枠組みに影響を与えるようなマーケティング、フレーミングを積極的に行っていかなくてはならない、ということである。このようなことは、もちろん自動車メーカーも十分認識しており、だからこそ、技術開発とともに、未来の自動車の在り方に関する意味付けに各社、力を入れているのである。フレーミングなので、どの意味付けが正しいか正しくないかということではないが、例えば、自動運転とEVの先端を行く企業であるテスラのモデルSの日本版広告映像で、登場人物であるユーザーの一人が、「テスラという車は、未来の姿を完全に示している。」と表現するのは、テスラという企業が、自己強化的期待の重要性を理解しているということであろう。(4)また、トヨタは、技術だけでなく、技術と人間社会の共存・協力があって初めて、安全な自動車社会が実現されるというメッセージを含んだ広告映像を多数製作している。これも、どのような技術を開発してゆくのかということとともに、どのようなヴィジョンを持って、将来の自己強化的期待を作りだしてゆくのか、ということの重要性を、自動車企業が十分に理解していることの証左であろう。まとめると、自動運転の社会科学的研究には、技術決定論的な視点だけでなく、例えば、広告映像の内容を分析するようなメディア論点研究も必要不可欠ということである。

(2) アクター・ネットワーク理論

上記で紹介した、技術の社会的構成は、単純な技術決定論から抜け出し、社会(例えば「関連社会グループ」)の重要性をハイライトすることに貢献し、現在でもその有用性は高い。しかし、ともすると技術決定論の極から社会決定論の極に振れてしまう傾向があることも事実で、その点を考慮して、技術と社会、より一般的に言えば、自然物・人工物を含む非・人間(non-humans)と社会を構成する人間(humans)を等価な「作用者」(actants)ととらえ、その集合体

としてのアクター・ネットワーク（actor-network）に注目する、アクター・ネットワーク理論（Actor-Network Theory; ANT）とよばれるアプローチが登場した。

アクター・ネットワーク理論は、もともとは科学技術社会論の一分野、特に科学実験室のエスノグラフィーとして展開されたアプローチだが（e.g., Latour 1987; Latour and Woolgar 1986 [1979]）、現在は、経済（e.g., Callon 1998）、アート（e.g., Hennion and Grenier 2000）、音楽（e.g., Hennion 1993）、都市研究（e.g., Farías and Bender 2010）、麻薬常習者（e.g., Gomart 2002）組織（e.g., Czarniawska and Hernes 2005）、法律（e.g., Latour 2010 [2002]）、さらにはメディア（e.g., Nakajima 2013）のように、非常に多岐にわたる経験的事象に応用されている。アクター・ネットワーク理論を援用して、自動車について論じた著名な研究があるので、本章ではそれを簡単に紹介しよう。1970年代フランスにおける電気自動車開発プロジェクトの「失敗」を分析した研究である（Callon 1980, 1986, 1987）。

1973年、フランス電力公社（Electricité de France [EDF]）が、電気自動車（véhicule electriqué [VEL]）の開発計画を提示した。その計画は、「それが推奨しようとする自動車の詳細な特徴だけでなく、その自動車が機能する社会的世界までも決めていた。」（Callon 1986: 21）。まず社会像については、新しい社会運動を担うポスト工業化的な消費者を措定し、ある特定の歴史観を提出する。産業社会の権化とも言える、内燃機関を有した自動車は、大気汚染と騒音の元凶とされ、また、自動車は、所有自体がステータス・シンボルとなるような過度な消費社会の弊害として描かれる。他方、EDFの提唱する電気自動車は、電気を推進力とするため大気汚染や騒音問題を解決するだけでなく、過剰な機能を搭載せず市民の移動に役立つだけのものとして構想されているため、過剰消費社会の弊害をも解決するものとされる。このような社会像とともに、EDFは、電気自動車開発に参加する組織とその役割も、細かく定立する。例えば、CGE（Compagnie Générale d'Electricité）は電気モーターと燃料電池、より良質な鉛蓄電池の開発、ルノーはシャーシとボディを製造、政府省庁は

VEL に有利な規制を制定し補助金を出す。そのほかにも、研究所や科学者と協力する都市公共交通を運営する企業、等々が提示される。

　上述のように、ANT は、自然物・人工物を含む非-人間（non-human）と人間をシンメトリカルに扱うので、VEL の成功裡の開発には、蓄電池、燃料電池、電極、電子、触媒、電解質などの物質も重要な参加者となる（Callon 1987: 86）。ANT は上記すべてのアクターを社会現象（例えば電気自動車の開発）を構成するアクターとして取り扱い、その総体をアクター・ネットワークと呼ぶ。前項で紹介した技術の社会的構成アプローチがともすれば、関連社会グループの影響の強調にみられるように、社会決定論に傾きがちであることはすでに述べた。社会決定論的な見方に従えば、VEL の失敗は、特定の（人間）組織、例えばルノーの VEL プロジェクトへの反対（実際にルノーは、1973 年にはプロジェクトへの参加を表明していたが、数年後には、EDF が措定したルノーが果たすべき役割、燃料電池の開発の可能性、消費者の選好、内燃機関の将来に対する疑問、のすべてに反対する書籍を出版した [Callon 1986: 25]）に帰するか、複数の組織の利害関係の調整に失敗したと説明するだろう。また、反対に技術決定論的な見方によれば、燃料電池の開発にさえ成功していれば、組織はプランを遂行していたであろう、というような、単一技術原因論的な立場をとる。しかし、ANT は、現象をヒトとモノによって構成されたアクター・ネットワークとしてとらえるので、失敗（あるいは成功）をヒトとモノの関係性の帰結として説明する。カロンの言葉を引くと：

> ……もし電子がその役割を果たさなかったら、またもし触媒が汚染されたら、消費者が新しい自動車を拒否すること、新しい規制が施行されないこと、あるいはルノーが頑なに R5 [小型ガソリン車の一モデル——筆者] を開発すること、と同じくらい悲惨な結果となるのである。
> （Callon 1987: 86）

　VEL の構成要素は、電極の間を自由に行き来する電子：社会的ステータ

ス・シンボルとしての自動車を捨てて公共交通にコミットする消費者；騒音の許容レベルに関する法律を定める生活の質省［Ministry of the Quality of Life；現エコロジー・持続可能開発・エネルギー省——筆者］；ボディ生産者としての役割を担うルノー；改善された鉛蓄電池；来るべきポスト工業化社会という概念、等々である。これら構成要素のどれも、アプリオリに、その重要性を決めることはできないし、その性質によって区別することはできない。公共交通機関を支持する社会活動家は、何百回も再充電できる鉛蓄電池と同様に重要なのである。
（Callon 1987: 86）

それでは、ANT のようないわば、技術・社会相互作用論が、自動運転研究に示唆するものは何であろうか。ANT を紹介するに際しては、社会決定論的な側面もある技術の社会的構成と技術・社会相互作用論を区別するために、両者の相違点を強調して記述したが、両者が、自動運転のような技術を考える際に、技術的側面だけでなく、社会的な作用を視野に入れる社会学的アプローチであるという点では共通している。しかし ANT が技術の社会的構成よりもさらに明示的に示唆するのは、自動運転というように、技術と社会が複雑に関係し合う現象を扱うときには、おもに技術的側面を扱う自然科学的アプローチ（例えば自動車工学や AI 研究）と社会的側面を扱う社会科学的アプローチ（例えば社会学）の協働作業が必要不可欠であるということだ。ANT の主要な提唱者の一人であるカロンは、次のように述べる。

　……新しい技術を開発する技術者、さらにはその技術のデザイン、発展、普及にいずれかの時点で関与する人々は、自らを社会学的分析に近づけるかたちで常に仮説を立て、議論を構築するのである。彼らがそうでありたいと望むか否かに関わらず、彼らは、社会学者——あるいは私が言うところの技術者兼社会学者（engineer-sociologists）——に変貌するのである。
（Callon 1987: 83）

カロンはさらに論を進めて、技術者兼社会学者が行っているような分析こそが、技術の社会学者が目指すものであり、社会学者も技術者兼社会学者にならなくてはならないと主張する（Callon 1987: 90-101）。これは、技術を論じる際に、社会学者がともすると社会決定論に傾きがちなことに対する自己批判でもある。本書が、社会科学系の編者によって編集されながら、実際の技術開発現場での経験が豊富な自然科学系の技術者の論考をも含むゆえんである。

(3) 技術システム・アプローチ

アクター・ネットワーク理論同様、技術と社会を、関係論的にとらえるアプローチとして、もう一つ、「技術システム」（technological systems）というアプローチがある。代表的な研究として、1880年代から1930年代のアメリカ、ドイツ、イギリスにおける電力産業の発展の比較研究であるトーマス・P・ヒューズの『電力の歴史』（1983）がある。

同書は、電力システムの発展の歴史を技術史の観点から、非常に詳細に記述した大著である。加えて、著者であるヒューズは、事実の羅列にとどまらず、大胆な分析的議論も提出しており、電力という特定の技術以外の技術を考える際にも多くの示唆を与えてくれる。

ヒューズは、まずエジソンによる最初期の電力供給システムの考察から始める。特に注目に値するのは、エジソンの技術者としての側面と企業家としての側面を表裏一体のものとして、関係論的に描いてゆく点である。さらに次の段階では、エジソンのシステムが広がってゆく過程で起こる歴史的事件を詳述し、技術者はもちろん、政治家、資本家、科学者たちとの相互作用の中で、電力ネットワークが普及してゆく過程を描く。加えて、立法者の意向や特許法の影響によって、様々な技術が競い合う様子を分析する。

歴史的記述の詳細に興味のある読者は直接同書にあたっていただくとして、電力以外の技術——本書における自動運転技術——を考える際にも有効であると思われるいくつかの分析的視点を紹介しよう。

まず第一に、技術をシステムとしてとらえる視点である。それは、ある特定の技術の発明・発展はそれをとりまく様々な技術との関係性の中で展開してゆく、という視点であると同時に、社会（政治、経済、文化的要素など）との関係までをも視野に入れる総合的なアプローチである。換言すると、ANTと同様に、技術決定論的立場をとらず、また社会決定論に振れるわけでもなく、技術システムと社会的コンテキストとの関係性に焦点を当てる技術・社会相互作用論である。

第二に、興味深いのは、技術・社会相互作用論とは言っても、ある技術システムの発展過程において、技術と社会が関係するその在り方自体は、ケースによって異なることを、ベルリン、シカゴ、ロンドンという三つの都市における電力システムの発展とそれを取り巻く特に政治的環境の詳細な歴史的ケース・スタディを提示することによって示していることである。各章のサブ・タイトルにもあるように、ベルリンでは「技術と政治の整合」（第七章）がはかられ、シカゴにおいては「技術の優位」（第八章）が顕著で、ロンドンにおいては「政治が首位」（第九章）であるという傾向がみられたという。ヒューズは、このような差異を「地域的スタイル」（regional style）と呼ぶ。

第三に「逆突出部」（reverse salients）という概念がある。

> この語は慣例としては、前進しつつある戦線つまり軍隊の前線の一部で、他の前線の部分とはつながってはいるももの、背後におくれ、つまりうしろへ曲がっている部分をさすのに使われる。
> （Hughes 1983: 訳118）

もともとは軍事用語であったものを、技術システム・アプローチに適用したもので、システムの他の構成要素に比べて、発展が遅れている部分であり、その部分の問題解決なしにはシステム全体の成長が滞ってしまうような領域である。発明家や技術者が逆突出部を解決するために設定する固有の問題を、ヒューズは「決定的問題」（critical problems）と呼ぶ。

ヒューズが上記の「逆突出部」という用語を選ぶのには、分析的な理由がある。彼自身の言葉によると：

> この概念は一部のエコノミストや歴史家が使う「不均衡」disequilibrium や「隘路」bottleneck よりも好ましい。なぜなら逆突出部という概念は、極度に複雑な事態で、その中では個人、集団、物質的な力、歴史的影響、その他の因子がそれぞれ特有の因果的役割をもち、全体的傾向だけでなく偶発的事件も―かどの役目を演じるような事態を意味するからである。
> （Hughes 1983: 訳118）

　すなわち、技術システム全体の発展を見極めるとともに、個別事象の他の個別事象、さらには個別事象の全体への影響の相互関係のプロセス自体に着目する、ミクロ・マクロ関係論的視点を、逆突出部と決定的問題という概念が与えてくれるのである。この点が、逆突出部という概念を利用することの第一の効用である。

　第二の効用として、逆突出部という概念が、技術システムと環境の境界線を流動的なものとしてとらえる契機を与えてくれる、ということである。例えば、ある技術システムに逆突出部があり、そこで定式化された決定的問題が解決されることによって、その技術がそれまでは考えられなかった分野に応用され、技術システムの範囲自体が拡大する、というような現象である。

　ヒューズの技術システム・アプローチの第四の特徴として、技術史であるから当然とも言えるが、時間軸という変数を導入している点がある。この点は、「技術的モメンタム」（technological momentum）という概念によって論じられている。技術的モメンタムとは、概略的に言えば、技術と社会との関係が時間的経過に沿ってどのように変化してゆくかを概念化するものである。ヒューズによれば、技術発展の初期段階においては、社会がその技術をどうとらえるかが大きな力をもち、後期段階においては、その社会的認識に基づいた技術システムの範囲内での個別的技術的問題の解決がシステムを方向づけてゆく、とい

う議論である。

それでは、上記の技術システム・アプローチは、自動運転という技術をとらえるにあたって、どのような示唆を我々に与えてくれるだろうか。

まず第一の技術をシステムとしてとらえる考え方は、ANT同様、技術・社会相互作用論であるため、自動運転のような技術を考える際に、技術的側面だけでなく、社会的な作用を視野に入れる社会学的アプローチが必要であるという、上記でも繰り返し強調してきた主張につながる。

第二に、「地域スタイル」という概念を援用して興味深いのは、もし技術と社会が双方向的影響関係にあり、さらに世界各国には様々な社会・文化が存在することを念頭に置けば、自動運転という技術も技術システムとして共通の部分を含みながらも、各国・各地域において多様な発展を見せる可能性があるということである。例えば、自動運転が普及するためには、いわゆる「トロッコ問題」——自動車の乗客を守るために歩行者を犠牲にするのか、あるいはその逆か；犠牲になりうる乗客と歩行者の人数が変化した場合、どのように対処すべきか、というような問題——に直面した時に、自動車に搭載されたAIにどのような判断・操作をさせるようにプログラムすべきか、というような倫理的問題を解決する必要があると言われる。もし各国・各地域、あるいは異文化・異社会間で、人間の生命に関する考え方が違うなら、それぞれの地域で異なるプログラムが組まれるということも考えられる。また、それに付随して、保険制度も各国・各地域で異なって発展してゆく可能性もある。自動運転というと往々にして技術的側面だけに着目しがちだが、「地域スタイル」という概念は、自動運転の比較文化論・比較社会学、というような視点の必要性を提示する。ヒューズが、電力の地域スタイルという概念を提出したのと同じような研究——自動運転の地域スタイルの研究——が必要となるだろう。

第三の逆突出部という概念は、上述のようにシステムと環境の境界線の変化を示唆するものであるため、自動車産業研究への根本的な挑戦となる可能性もある。例えば、自動運転は、文字通り自動車産業内の技術的問題としてとらえられることが多いが、自動運転という新しい技術には多くの逆突出部・解決す

べき決定的問題が存在するため、技術システムと環境（他の技術システムも含む）との関係性がラディカルに変化してゆく可能性が高い。例えば、自動運転で必要不可欠な各種センサーによって収集された複雑な情報を処理する技術として、GPU が利用されている。GPU の大手である NVIDIA は、もともとはゲームでの映像処理のために GPU を開発し、ゲーム産業の代表的企業であるとされていたが、現在では、ゲームとともに、自動車産業におけるキー・プレイヤーの一つになっている。このようにある特定の逆突出部、決定的問題およびその解決が、自動運転という技術システムが関わる産業の範囲を急変させる可能性がある。もう一つ例を挙げると、自動運転車のシミュレーションで多くなっている公道実験中の事故を解決する方法として、ソニー・インタラクティブエンタテインメントのゲームソフト・シリーズ『グランツーリスモ』や米ロックスター・ゲームズの『グランド・セフト・オート』といったゲームを使ったシミュレーションが行われるようになっている（小林 2017; Hull 2017）。自動運転という技術システムの発展は、製造業としての自動車産業とゲーム産業を含むクリエイティブ産業の融合を促しているとも言えるのである。

　第四の技術的モメンタムという概念が示唆するように、もし技術システムの発展の初期段階に社会の作用が強いのであるならば、現在のような自動運転技術システムの初期段階においては、技術的問題とともに、どのようなヴィジョンをもって自動運転をとらえてゆくかが重要な問題となる。したがって、各国政府や各自動車企業が自動運転を論じる場合に、それをとりまく社会のヴィジョンをどのように語っているのか、というような言説分析的な視点も、自動車産業研究には不可欠であることを示唆してくれる。

2. 経済社会学・組織社会学

　以上においては、自動運転が多くの科学技術的要素を含むものであるため、社会学の一分野である科学技術社会論を中心に論じてきたが、社会学には、他

にも、自動運転を分析的に考察してゆくために有用な理論や概念が数多く存在する。ここでは第二番目の社会学的視点として、経済社会学・組織社会学という分野を紹介しよう。本稿では、紙幅の関係から、経済社会学・組織社会学の中でも近年注目を集める「場の理論」(field theory) に焦点を合わせることとする。

　場（「界」と訳されることもある）の理論は、社会学においては、フランスの社会学者ピエール・ブルデューによって展開され（例えば、Bourdieu 1993 [1992], 1996)、米国の経済社会学者・組織論者たちによってさらなる彫琢を経た（例えば、DiMaggio and Powell 1983；Fligstein and McAdam 2011, 2012)。場の理論は、非常に多様な経験的トピックに応用されてきているが（例えば、現代中国映画産業への応用として、Nakajima 2016)、自動運転のように、多種多様な領域を横断して発展し、異なるアクターが関与している現象には、特に有力な分析枠組みである。場の理論には、四つの前提が共有されている。まず第一に、関係論的視点。場の理論は、個人にせよ組織にせよ、アクターが、自らが埋め込まれている社会関係から独立した本質を有しているという本質論を否定する。第二に、権力と政治の理論を有している。すなわち、場の生成、構造、変動は、アクター間の権力闘争の結果である、という立場に立つ。第三に、「意味」というものを重視する。すなわち、自動運転というような一見、技術的・客観的な現象においても、人間が構築するアイデンティティ、共有する意味や規則・規範が重要な役割を果たすことに注目する。第四に、特に、近年の場の理論の議論においては（例えば、Fligstein and McAdam 2011, 2012)、場の変動のメカニズムを分析する視点を有する。まとめると、場の理論は、現象の歴史的変化における「社会関係、権力及び意味」(Fligstein 2001, xiii) を分析するツールを提供することによって、社会的現象を理解する枠組みを用意する。

　場の理論の具体例としてサラ・クウィン (Quinn 2008) の「市場における倫理の変遷：死、恩恵、および生命保険の交換」という論文を紹介しよう。本論文は、米国における生命保険の二次市場の変遷を扱っている。クウィンは、倫理的不透明さ (moral ambivalence) がありながら、1990年代以降、生命保険の

二次市場が拡大してゆくプロセスを、新聞記事の言説分析や関係者へのインタビューによって明らかにしてゆく。

生命保険の二次市場には大きく分けて二つのタイプがある。一つは「末期換金」(viatical settlement) と呼ばれるもので、末期患者の生命保険を第三者に売却して患者の医療費などに使うことを目的としたもの。もう一つは、「ライフ・セトルメント」(life settlement) と呼ばれるもので、高齢ではあるが健康な被保険者の生命保険を第三者に売却することである。本論文は非常に豊富な歴史記述を含むので、詳細に興味のある読者は直接論文にあたっていただきたいが、クウィンの主要な論点は次のようなものである。まず、生命保険の二次市場というような経済的・産業的現象においても「意味」や認識枠組みが重要な役割を果たすという点。認識枠組みには、三つの種類があるという。一つは、二次市場そのものを拒否する「命の神聖さを冒瀆するものとしての激しい嫌悪」(sacred revulsion) という認識枠組み——生命保険の二次市場自体を倫理的に許されないのもと見る。二つ目は、主に末期換金を支持する「消費者的慰め」(consumerist consolation) という認識枠組み——末期患者が少しでも安楽に残りの人生を消費者として過ごすことを良しとする。三つめは、主にライフ・セトルメントを支持する「合理的和解」(rationalist reconciliation) という認識枠組み——生命保険の売買を経済的に合理的な投資ポートフォリオとして見る。これらの認識枠組みは、生命保険の二次市場が高度に発展した現在でも共存するし、ある個人が三つのすべてを併有することもありうるというが、多くの場合、「命を冒瀆するものとしての激しい嫌悪」というのは生命保険の二次市場産業の当事者でない、産業の中心からはなれた場所にいる人々（例えばマイケル・サンデルのような学者）の認識枠組みであり（Quinn 2008: 758)、それ以外は産業の中心に近い人々の認識枠組みであるという。

それでは以上のクウィンの場の理論は、自動運転研究にどのような示唆を与えてくれるだろうか。第一に、意味が重要であり、さらに言えば、生命保険の二次市場や自動運転のような新しい現象が普及する際には、複数の意味付けの戦いが起こるということ（場の理論が重要視する「関係論的視点」、「意味」、「権力

闘争」、「歴史性＝時間軸」の重要性）。さらに言えば、「既存勢力」(incumbents)（この場合は生命保険の二次市場から遠い位置にいる人々）がいつまでも古い意味付けに固執してしまっている間に、「新興勢力」(challengers)（この場合、生命保険の二次市場という新しい現象に携わる人々）が意味付けを行い、それが急速に普及してゆく可能性。[5]自動運転の例で言えば、それをこれまでの自動車の延長線上で考える既存の大手自動車メーカーと、それをなるべく既存の概念とは異なったものとして、新しい産業発展の契機として認識してゆこうとする新興企業との意味づけの戦いが、これからますます重要になってくる可能性を示唆するものである。

　また場の理論は、自動運転にまつわるさまざまな倫理的問題にも示唆を与えてくれる。例えば、トロッコ問題は倫理的に非常に解決の難しい問題だが、それに対する認識枠組みが複数提示され、それらのいくつかが論理的なものであるのならば、それに対する反対意見は存在しながらも、その特定の認識枠組みに沿った解決が当然視され、ブラックボックス化されていく可能性である。どのような認識枠組みが採用されるかは、現時点では確定できないが、倫理的問題の解決は客観的なものでなく、どのような文化的認識枠組み、あるいは物語によって語られるかによってその解答は異なるということは理解しておく必要があるだろう。換言すると、例えば「トロッコ問題でどのアルゴリズムが（客観的に）最良なのか」、というアプローチでなく、「どのアルゴリズムが、誰によって、どのような論理をもって正当化されてゆくのか」、というプロセスを、場におけるアクターのポジショニング（既存勢力か新興勢力か）などに注意しながら、見極めてゆく必要があるということだろう。

3. 移動研究

　三つ目の社会学的視点として、「移動研究」という分野を見てみよう。英語ではモビリティーズ（mobilities）と呼ばれるこの分野は、地理学、交通学、人

類学、移民学、観光研究、社会学といった社会科学諸分野にまたがる学際的アプローチである。このアプローチを提唱する中心的学術雑誌の一つである *Mobilities* の「目的と範囲」（Aims and scope）の評は次のように述べる。

> 『モビリティーズ』は、ヒト、モノ、資本および情報のマクロな移動はもちろん、日々の移動、公共空間・私的空間における移動、および物質的なモノの移動のような、日常生活における、よりローカルなプロセスをも包含する。新しい交通とデジタル・インフラストラクチャー、さらには斬新な社会・文化的実践は、移動の調整・管理、また移動の権利と「アクセス」の問題に重要な問いを投げかけるのである。
> ("Aims and scope," *Mobilities*)

「移動論的転回」（mobility turn）あるいは「新しい移動パラダイム」（the new mobilities paradigm）とも呼ばれるこの知的運動は、従来の社会科学的アプローチを次の二点において批判する。

> まず第一に、それは、地理学、人類学、そして社会学の多くの研究に見られる、定住主義的（sedentarist）理論を問題視する。定住主義は、安定・意味・場所を正常なものとし、距離・変化・場所無き事を異常なものとみなす。
> (Sheller and Urry 2006: 208; 強調原文)

> 第二に、私たちの「静的」な社会科学への批判は、ポスト国民的脱領域化のプロセスや社会の容器としての国家の終焉に着目する論者たちから距離を置く。……したがって、この新しいパラダイムは、ある領域における液状化（liquidity）の加速だけでなく、同時に進行する、ある場合には連繋・求心・エンパワーメントのゾーンを創造し、またある場合には切断・社会的排除・不可聴のゾーンを創造する、集中化のパターンをも視野に入

れることを目的とする。

（Sheller and Urry 2006: 210; 強調原文）

　以上のような移動研究は、20世紀を代表する移動の手段である自動車に対しても応用されている。例えば、『自動車と移動の社会学』（Featherstone, Thrift, and Urry 2005）は、社会学・移動研究の代表的論者であるマイク・フェザーストン、ナイジェル・スリフト、ジョン・アーリによって編集されており、移動研究が自動車研究に大変興味深い視点を提供してくれることを示している。内容の詳細は同書にゆずるとして、「自動車移動の『システム』」（ジョン・アーリ）といったマクロな視点から、「運転者－自動車」（ティム・ダント）といったミクロ／ローカルなアプローチまで含んでいる。さらに「都市をドライブする」（ナイジェル・スリフト）に象徴されるように動的なアプローチを採用し、また包摂と排除の相互作用としての国民国家が自動車を焦点に構築されていくプロセスも論じており（「自動車移動とナショナル・アイデンティティ」［ティム・エデンサー］、「自動車とネーション」［ルディ・コーシャ］、「オート・クチュール（Auto Couture）」［デイヴィッド・イングリス］）、上記モビリティーズの定住主義と脱領域化への批判を、豊富な経験的事例に基づきながら、理論化するものとなっている。

　『自動車と移動の社会学』には自動運転に焦点を当てた論考は含まれていないが、例えば「高速道路でオフィスワークをする」（エリック・ロリエ）のようなアプローチは、自動運転研究にも応用可能なものであり、自動運転が移動の概念を大きく変える可能性がある以上、移動研究は、把握しておかなくてはならない、社会学的視点の一つであろう。

　　［注］
（1）本章において、別途記載がない限り、英文文献からの翻訳は、筆者が行った。
（2）バイカーは、三つのアプローチを、「システム・アプローチ」（systems ap-

proach)、「アクター・ネットワーク・アプローチ」(actor-network approach)「技術の社会的構成アプローチ」(social construction of technology approach) の順に紹介しているが、本章では、議論の流れから、バイカーとは逆順で紹介する。
(3) 以下、四点は、アーサーの指摘だが、アーサーの論点 (Arthur 1988: 10, 1994: 112) に基づいて、筆者が記述した。
(4) 「テスラ　モデルS　カスタマーストーリー」(https://www.tesla.com/jp/videos/tesla-owners-of-japan)（アクセス：2018年7月16日)。
(5) 「既存勢力」と「新興勢力」が、(産業) 場の生成、構造と変動に果たす役割の重要性については、Fligstein and McAdam (2011, 2012) に詳しい。

［参考文献］
"Aims and Scope," *Mobilities* (https://www.tandfonline.com/action/journalInformation?show=aimsScope&journalCode=rmob20)（Accessed: July 17, 2018）.
Arthur, W. Brian, 1988, "Self-Reinforcing Mechanisms in Economics," pp. 9-31, in Philip W. Anderson, Kenneth J. Arrow, and David Pines, eds. *The Economy as an Evolving Complex System*. Reading, MA: Addison-Wesley.
―――, 1994, *Increasing Returns and Path-Dependence in the Economy*, Ann Arbour, MI: University of Michigan Press.
Bijker, Wiebe. E., 1995, "Sociohistorical Technology Studies," pp. 229-256, in Sheila Jasanoff, Gerald E. Markle, James C. Peterson and Trevor Pinch, eds., *Handbook of Science and Technology Studies*, Thousand Oaks, CA: Sage.
Bijker, Wiebe E., Thomas P. Hughes, and Trevor J. Pinch, eds., 1987, *The Social Construction of Technological Systems: New Directions in the Sociology and History of Technology*. Cambridge, MA: The MIT Press.
Bourdieu, Pierre, 1993, *The Field of Cultural Production*, New York, NY: Columbia University Press.
―――1996 [French Original 1992], *The Rules of Art: Genesis and Structure of the Literary Field*, Stanford, CA: Stanford University Press.（石井洋二郎訳，1995・1996,『芸術の規則I・II』，藤原書店）
Callon, Michel, 1980, "The State and Technical Innovation: A Case Study of the Electrical Vehicle in France." *Research Policy*, 9: 358-376.
―――, 1986, "The Sociology of an Actor-Network: The Case of the Electric

Vehicle," pp. 19-34, in Michel Callon, John Law, and Arie Rip, eds., *Mapping the Dynamics of Science and Technology: Sociology of Science in the Real World*, London, UK: Palgrave Macmillan.

―――, 1987, "Society in the Making: The Study of Technology as a Tool for Sociological Analysis," pp. 83-103, in Wiebe E. Bijker, Thomas P. Hughes, and Trevor J. Pinch, eds., *The Social Construction of Technological Systems: New Directions in the Sociology and History of Technology*. Cambridge, MA: The MIT Press.

Callon, Michel, ed., 1998, *The Laws of the Markets*, Oxford, UK: Blackwell Publishers.

Czarniawska, Barbara, and Tor Hernes, eds., 2005, *Actor-Network Theory and Organizing*, Malmö/Copenhagen, Denmark: Liber & Copenhagen Business School Press.

DiMaggio, Paul J., and Walter W. Powell, 1983, "The Iron Cage Revisited: Institutional Isomorphism and Collective Rationality in Organizational Fields," *American Sociological Review* Vol. 48, No. 2 (Apr., 1983) : 147-160.

Farías, Ignacio, and Thomas Bender, eds., 2010, *Urban Assemblages: How Actor-Network Theory Changes Urban Studies*. London, UK: Routledge.

Featherstone, Mike, Nigel Thrift, and John Urry, 2005, *Automobilities*, London, UK: Sage. (近森高明訳, 2010, 『自動車と移動の社会学』, 法政大学出版局)

Fligstein, Neil, 2001, *The Architecture of Markets: An Economic Sociology of Twenty-First-Century Capitalist Societies*, Princeton, NJ: Princeton University Press.

Fligstein, Neil, and Doug McAdam, 2011, "Toward a General Theory of Strategic Action Fields," *Sociological Theory* Vol. 29, No. 1 (March 2011) : 1-26.

―――, 2012, *A Theory of Fields*, New York, NY: Oxford University Press.

Genschel, Philipp, 2006, "Path-Dependence," pp. 507-509, in Jens Beckert and Milan Zafilovski, eds., *International Encyclopedia of Economic Sociology*. New York, NY: Routledge.

Gomart, Emilie, 2002, "Methadone: Six Effects in Search of a Substance," *Social Studies of Science*, Vol. 32, No. 1: 93-135.

Hennion, Antoine, 1993, *La Passion Musicale. Une Sociologie de la Médiation*, Paris, France: Métailié.

Hennion, Antoine, and Line Grenier, 2000, "Sociology of Art: New Stakes in a Post-Critical Time," pp. 341-355, in Stella Quah and Arnaud Sales, eds. *The*

International Handbook of Sociology, London, UK: Sage.

Hughes, Thomas P., 1983, Networks of Power: Electrification in Western Society, 1880-1930, Baltimore, MD: Johns Hopkins University Press.（市場泰男訳，1996, 『電力の歴史』平凡社）

Hull, Dana, 2017, "Don't Worry, Driverless Cars Are Learning From Grand Theft Auto," *Bloomberg*（April 17, 2017）（https://www.bloomberg.com/news/articles/2017-04-17/don-t-worry-driverless-cars-are-learning-from-grand-theft-auto）(Accessed: July 17, 2018).

小林和久，2017,「ゲーム『グランツーリスモ』が自動運転に与える影響とは？」『クリッカー』（2017年7月27日）(https://clicccar.com/2017/07/27/496204/) (アクセス： 2018年7月17日)

Latour, Bruno, 1987, *Science in Action: How to Follow Scientists and Engineers Through Society*, Cambridge, MA: Harvard University Press.（川崎勝・高田紀代志訳，1999,『科学が作られているとき——人類学的考察』，産業図書）

——, 2010 [French Original 2002], *The Making of Law: An Ethnography of the Conseil d'Etat*, Cambridge, UK: Polity Press.（堀口真司訳，2017年,『法が作られているとき——近代行政裁判の人類学的考察』，水声社）

Latour, Bruno, and Steve Woolgar, 1986 [First Published in 1979], *Laboratory Life: The Construction of Scientific Facts*, Princeton, NJ: Princeton University Press.

Merton, Robert K., 1948, "The Self-Fulfilling Prophecy," *Antioch Review*, Vol. 8, No. 2（Summer, 1948）.

Nakajima, Seio, 2013, "Re-imagining Civil Society in Contemporary Urban China: Actor-Network-Theory and Chinese Independent Film Consumption," *Qualitative Sociology* Vol. 36, No. 4: 383-402.

——, 2016, "The Genesis, Structure and Transformation of the Contemporary Chinese Cinematic Field: Global Linkages and National Refractions," *Global Media and Communication* Vol. 12, No. 1: 85-108.

Pinch, Trevor J., and Wiebe E. Bijker, 1984, "The Social Construction of Facts and Artefacts: or How the Sociology of Science and the Sociology of Technology Might Benefit Each Other," *Social Studies of Science*, Vol. 14, No. 3（Aug., 1984）, pp. 339-441.

——, 1987, "The Social Construction of Facts and Artefacts: or How the Sociology of Science and the Sociology of Technology Might Benefit Each Other," pp. 17-50, in Wiebe E. Bijker, Thomas P. Hughes, and Trevor J. Pinch, eds., *The Social Construction of Technological Systems: New Directions in the Sociology and History of Technology.* Cambridge, MA: The MIT Press.

第1章
自動運転導入のための課題

高橋武秀

はじめに

(1) 自動運転への社会的認識

「自動運転」という言葉が自動車関連業界を席巻している。もはや旧聞に属するが、東京モーターショー 2015 において、出展各自動車メーカーはこぞって「運転者が全く操縦装置に手を触れず、同乗者と談笑しながら移動できる車」のコンセプトカーを展示し、2017 年の東京モーターショーにおいても、自動運転と電動化が二大テーマとして引き続き掲げられている。

政府も内閣府の推進する「戦略的イノベーション創造プログラム[1]」において「『自動走行システム』研究開発計画[2]」を策定するだけでなく経済産業省、国土交通省共同で「自動走行ビジネス検討会[3]」を発足させ、自動車メーカーの協調による自動走行運転車の技術開発推進などを唱道している。また政権与党である自由民主党経済構造改革特命委員会その中間報告で、第四次産業革命の柱に自動走行システムを据え、運行ルールなどの規制を全く設けない「フラッグシップ特区」(仮) 創設を検討すると報じられる[4]など、自動運転への関心はいや増しに高まっている。

なぜ自動運転がかくも重要視されるのかを理解するためには、まず自動運転

を社会に導入した場合のメリットを見る必要がある。

　筆者が目にした直近の自動運転車の社会導入に対する評価としては、アップル社のプロダクトインテグリティ担当ディレクターであるスティーブ・ケナー氏が 2016 年 11 月 22 日付で米国国家交通安全局（National Highway Traffic Safety Agency, 以下 NHTSA と略す）に対して発出したレター[5]が包括的でわかりやすい。この書簡の中で同氏は「自動運転車は毎年起きる多くの事故と犠牲者の発生を防ぎ、これらを生み出さずに移動力を提供できる」と述べている。このケナー氏の指摘したポイントをより仔細に見ると、

　自動運転は、

　1) ヒューマンエラーの減少・交通事故の低減に寄与する：

　日本では交通事故により年間 4,000 人を超える死亡者を出しているがこの事故の 96% はドライバーに起因するといわれる。自動運転が普及するとシステムが運転をサポートし、あるいはシステム自身が自動車をコントロールすることになる。このため、ドライバーに起因するミスを防止し、交通事故の低減につながると考えられる。

　2) 交通流の円滑化に寄与する

　渋滞はドライバーによる不適切な車間距離の維持や加減速が一因といわれる。自動運転技術が進展すれば、システムが自ら、あるいは信号機との連携により、停止・発進回数を減少させるなどして安全な車間距離の維持、適切な速度管理を行い、渋滞につながる運転を抑止できる。渋滞の発生減少は運輸部門での地球温暖化ガスの発生量の減少をもたらすなどのメリットもある。

　3) モビリティの維持に寄与する

　地方部を中心に衰退を続ける公共交通機関の現状や、高齢ドライバーの免許返上による日常の不便、あるいは少子高齢化による将来的な専門職ドライバーの不足などの事態に対応し、社会的なモビリティの維持のため貢献すると考えられる。

　このような評価が相乗して、自動運転車の社会導入は社会システム全体にあ

たえるポジティブな影響が大きいと論じられる。このような所説は、情報の認知、「判断」、操作を一貫してシステムに委ねることにより、ヒューマンエラーが関与した『操作ミス』を極小化し、均質なアルゴリズムによる社会全体での安定した自動車の運行が可能となるという信憑を前提としている。

(2) 本章の課題

本章においてはまず、「自動運転」の概念を整理する。次いで特に自動運転の実現と表裏の形で発生する外部との通信がもたらすと予測あるいは実証されている危険について実例を引用して検討する。また、自動運転車の社会的受容にあたって必須となる事故賠償の制度(6)、刑事法及び行政法(7)(8)との関係、使用過程、車の整備の重要性についても言及する。
以上の検討にあたって、交通主体に現実に適用される交通ルールは、各交通主体が現場で「その場における安全」を守るために随時ダイナミックに創発されているという特質を持つことも自動運転車の社会における運用上の大きな特質と認識して論じる。

(3) 本章の構成

以下の節では自動運転に関する技術の開発・導入状況を規制当局、産業政策当局の基本的な考え方、動向等を含めて事例に基づき概観する。特に、自動運転車両についてはその技術の発展段階を後に詳述するNHTSAが引用する(9) SAE Internationalの規格（j3016_201609）(10)に依拠しつつ整理を試みる。また特に第4節においては自動運転（Autonomous Driving）の実現に必須と思われるV2V（Vehicle to Vehicle）,V2I（Vehicle to Infrastructure）の通信の現況と、その脆弱性について論考する。
更に、自動車の使用年限を考慮した場合、最短でも数十年間は出現する自動運転車両と非自動運転車両が混在する交通体系を想定し、必要となる自動運

車両の制御の条件について「交通関係者による共時的な創発」という交通ルールの特質と自動運転車両の能力の現況を踏まえながら考察する。

さらに、これらの考察を受けて高度に自律化した自動車とその運行アルゴリズムと、そのような自動車が走行する社会の間に、その走行の交通法制、損害賠償責任、運転アルゴリズムの限界についての社会的な認識の共有など自動運転車の走行を受容する「社会基盤の形成」がいかにすれば可能になるかについて述べる。

1.「自動運転」技術の概観

(1) 移動体運行の概念化

NHTSAの自動運転のレベルの議論に入る前に、自動車が「動いて目的地に到達する」までにどのような行為が介在してくるかを考えてみたい。

抽象的には、座標上の点Xから、座標上の別の点Yへ物理的に移動することを目的として、その目的達成のために「目的地に移動することの意思決定」→経路の設定→「移動のための制御行為の開始」（原動機の始動・加速→操舵・制動→停止）→〈周囲の情報を取得し、安全性等を判断してこれらの行為を、適宜繰り返し、航路の設定、運転行動にフィードバック〉→フィードバックの結果目的地までの「経費効率が最適な」経路、「安全保持のために最良の運転」を動的に実現→目的地に到達→「移動のための制御行為の終了」
が一連の流れとなる。

(2) 運送モード毎の「自動運転」導入状況

以上みられる移動プロセスに自動化要素を導入しようとする移動体は航空、

海洋、陸上（鉄・軌道、自動車）の運送モードごとに存在する。以下運送モードごとに自動化を可能にする環境条件について検討する。

航空：飛行機の飛行航路上の密度は空港周辺を除き通常極めて疎であり、航路・運転条件設定の自由度が高い。このためもっとも経済的な航路選択など自動運転に馴染む領域が広い。
船舶：平面交差の危険性は航空機に比べて高いが、一部海峡・港湾周辺等を除き衝突の恐れが低い。このため自動運転に馴染む領域は航空機に次いで広い。
鉄道：他の陸上交通機関との平面交差が発生する。大量輸送機関という特質上、指定された鉄・軌道の利用は社会的に優先され、移動体自身の前後の空間を「閉塞」し他者の進入を拒絶する権利が認められている。これにより第三者の接近を許さずに走行し、衝突事故を避けることが可能であり、車間距離の調整、加減速の判断などを自動化しやすい。日本では「ゆりかもめ」が完全無人自動運転を行っている。
自動車：他のモードに比較して他者との距離が極端に近い。従来は、「人間の五感によって認知された外界情報」に基づいて「人間が交通環境・法規との整合性などを判断・選択」し「操舵、制動などの運転行動を決定する」というプロセスを経て運行している。外部環境の変化点に遭遇するごとに人間が主体的に介在するため、ヒューマンエラーが発生する確率は高いと考えられている。これがエラー介在の余地のない機械システムに運行を任せた方が安心であるという「信憑」の淵源である。

(3) 交通安全要求への対応

　道路交通事情が複雑化するに伴ない、交通安全への希求が高まっていることを受け、より安全な運転の実現のために必要とされる情報量は膨大になってきている。例えば、ビルの陰に隠れ、あるいは駐車車両の陰に隠れる形になって、目視できない状態の子供による飛び出し事故を防ぎたい、そのための情報が必

要であるといったような機械系のアシストなしでは現実化できない要求も出てくる。

このような要求に対応するためレーダー、LIDAR、GPS、カメラなどのセンサー類を装備し、取得した情報をベースに、人による運転行動を促し、あるいは、機械系自らが運転行動を行う。なお外界情報の収集に当たっては自前センサーのみならず、車外のインフラと協調あるいは他の自動車との連携によって得られた情報を活用・処理して人間には不可能な領域まで深く運転環境を認識し、自律的かつ安全に目的地まで走行する事ができる陸上輸送機械が自動運転車の特質と考えられる。

上に示した「車の陰に隠れている子供」の例のように、不可視の領域にいる目標を人間の目視以外の方法で認知し、その存在を情報として運転者に提供できれば防止できる事故は増える。しかしながら、人間の処理できる情報量には限度があり、人間側が情報を処理しきれず、運転行動に反映しきれないというヒューマンエラーの発生の可能性も高くなる。

このような状態を回避し、車両制御に関連した一次情報をフルに生かして安全運転に反映させるためには、運転者に対する情報処理負荷を下げる方向での情報提示の仕方を工夫することが自動車側の選択肢の一つである。また人間の能力に期待せず、人間系とは別のシステムで一次情報収集のためのセンサーを管理・運用して、人間に代替して情報処理・運転行動の選択・実行を行うシステムを実装することもヒューマンエラー回避には有意である。

2. 自動運転車のカテゴリー

(1) 自動運転のカテゴリー化の実際

このような情報系の介入による運転行動アシスト、あるいは運転行為の代替

図 1

レベル level	Name	Narrative Definition	Execution of Steering and Acceleration/ Deceleration	Monitoring of Driving Environment	Fallback Performance of Dynamic Driving Task	System Capability (Driving Modes)
Human driver monitors the driving environment						
0	No Automation	the full-time performance by the *human driver* of all aspects of the *dynamic driving task*, even when enhanced by warning or intervention systems	Human driver	Human driver	Human driver	n/a
1	Driver Assistance	the *driving mode*-specific execution by a driver assistance system of either steering or acceleration/deceleration using information about the driving environment and with the expectation that the *human driver* perform all remaining aspects of the *dynamic driving task*	Human driver and system	Human driver	Human driver	Some driving modes
2	Partial Automation	the *driving mode*-specific execution by one or more driver assistance systems of both steering and acceleration/deceleration using information about the driving environment and with the expectation that the *human driver* perform all remaining aspects of the *dynamic driving task*	System	Human driver	Human driver	Some driving modes
Automated driving system ("system") monitors the driving environment						
3	Conditional Automation	the *driving mode*-specific performance by an *automated driving system* of all aspects of the dynamic driving task with the expectation that the *human driver* will respond appropriately to a *request to intervene*	System	System	Human driver	Some driving modes
4	High Automation	the *driving mode*-specific performance by an automated driving system of all aspects of the *dynamic driving task*, even if a *human driver* does not respond appropriately to a *request to intervene*	System	System	System	Some driving modes
5	Full Automation	the full-time performance by an *automated driving system* of all aspects of the *dynamic driving task* under all roadway and environmental conditions that can be managed by a *human driver*	System	System	System	All driving modes

出所 "AUTOMATED DRIVING：LEVELS OF DRIVING AUTOMATION ARE DEFINED IN NEW SAE INTERNATIONAL STANDARD J3016"
https://www.sae.org/misc/pdfs/automated_driving.pdf

の態様については NHTSA（米国高速交通安全局）によりカテゴリー化（Preliminary Statement of Policy Concerning Automated Vehicles 所収）されたものが一般に用いられている。この自動運転レベルのカテゴリーの議論は技術の進展と共に変化しており、2016 年 9 月に SAE International が規格 j3016_201609[11]を発行した。これは、先行する SAE J3016:JAN2014 のカテゴリーを変更し、新たにレベル 4、レベル 5 を定義したものである。詳細は図 1 を参照願いたい。なお、NHTSA はカテゴリーについては、同年 10 月この j3016_201609 の基準を採用し、現在の議論のベースはこの規格を基本に行われることになってきている。

ちなみに、AUDI Japan は 2017 年の東京モーターショーで Audi-A8 にレベル 3 に相応する「Audi AI トラフィックジャムパイロット」を装備して日

本市場に 2018 年導入する意向を表明しているが、多くのカーメーカーはレベル 3 以上の自動運転車両実現には相応の時間がかかるとの認識を示している。

(2) 日本型の自動運転の定義

最近時点の日本における安全運転支援システム・自動走行システムの論議では「官民 ITS 構想・ロードマップ 2016——2020 年までの高速道路での自動走行および限定地域での無人走行移動サービスの実現に向けて」[12]（高度情報通信ネットワーク社会推進戦略本部：平成 28 年 5 月 20 日）において次のように定義が与えられている。

1　情報提供型
　　ドライバーへの注意喚起を主たる目的とする。運転の責任はドライバーが負う。
2　自動制御活用型
　レベル 1　単独型
　　加速・操舵・制動の操作いずれかをシステムが行う状態。
　　運転の責任はドライバーが負う。
　レベル 2　システムの複合化
　　加速・操舵・制動のうち複数の操作を一度にシステムが行う状態。システムの動作を確認し、いつでも安全運転できる状態になければならないという観点から、ドライバーが運転に責任を持つ。
　レベル 3　システムの高度化
　　加速・操舵・制動をすべてシステムが行い、システムが要請したときのみドライバーが対応する状態。運行の責任は自動走行モード中にはシステムが負う。
　レベル 4　完全自動走行
　　加速・操舵・制動をすべてシステムが行い、ドライバーが全く関与しな

い状態。

　運行に関する責任はシステムが負う。ただしシステムの解除停止ボタンなどで、システムを停止することができ、その介入があった時点で、レベル4の車両ではなくなる。

　これは、NHTSA・SAEの2016年の定義を基本にしつつも、情報提供型と自動制御活用型とを区分している点および運転責任の所在に明示的に言及している事が特徴である。日本国内の自動走行システムのカテゴリー議論は、SAEを参照した戦略推進本部の定義がコアに据えられることになる。

　各種報道からは、世上用いられる「自動走行」という言葉を一般人は加速・操舵・制動の複数の機能を自動で行うことにより走行を自動車に任せることができる自動車というイメージでとらえている痕跡がうかがえる。このイメージと実際の自動車の性能との差を吟味しておく必要がある。

　「世間のイメージ」と合致した「完全自動走行車両」は高度情報通信ネットワーク社会推進戦略本部の定義によるレベル4の車両に至って初めて実現される。ところが今のところ市場に提供されている車両はレベル2までである（Audi A8がレベル3の技術を制約条件付きで導入したい意欲を持っていることは先に紹介した）。しかも、各メーカーにおいて開発している自動運転システムは、その機能や特徴が会社によって異なる。いわゆる自動ブレーキについても、動作速度がメーカーごとに違うなどの相違がある。

　このレベルまでの自動車による事故の責任は原則運転者である人間が負うことになる点を運転者に深く自覚させると共に、装備されている自動運転関連の機能にどのような限界があるかを正しく広報することが自動運転機能付き自動車の社会的受容のとば口にある現在今後も極めて重要である。日本における「販売」「広告」「宣伝」の問題については後ほど触れる。

　自動車の平常の走行環境は、鉄道と違い強い「閉塞」概念を持たないことについてはすでに述べた。つまり、進路上に他者が随時侵入してくること、走行

速度がまったく異なる他の移動体との進路交叉が起きるなど、走行時の条件が他のモードの輸送機械と大きく異なる。一言でいえば道路交通環境は複雑であり、交通の密度が圧倒的に高い。この状況下での自動車の運転は移動体(自動車を含む)同士の衝突、移動体と人間の衝突など事故リスクが極めて高い。

　リスクの発生を回避する体制づくりとともに、リスク発生の結果としての損害を事後補塡するために、自動車交通については運転行為に対するルール及び事故が生じた場合の責任の配分ルールの重要性等が認識され、既に以下のような制度が展開されている。

* 道路法(道路の構造等を規定する。いわばインフラの規格化)
* 道路運送車両法(自動車の構造や車両の保安基準を定め、いわば、自動車としての能力を保証する)
* 道路交通法(自動車の定義を与え、運転者の義務を定める)
* 道路運送法(旅客輸送、貨物輸送に関するルール)

などがある。さらに国際的には

* 道路交通に関するウイーン条約(第8条で、ドライバーは車を常時制御しつづけなければならないと規定するなど)

などの国際約束も複数存在する。
事故責任の配分ルールは、原則として自動車の運転者を責任の対象とし、
* 道路交通法、自動車運転致死傷行為処罰法(刑法の特別法)などが適用される。

また、民事的な損害補塡のルールとしては
* 民法第709条、710条(不法行為)による損害賠償
* 自動車損害賠償保障法(強制保険による損害賠償責任の担保と、立証責任の縮減)
* 製品(自動車)の欠陥で事故となったときの製造物責任保険法

等によって損害が補塡されることになる。
　人間の運転を原則として予定しないレベル3段階以降の自動車を社会に導入

するためには、自動車側が物理的な運転に必要な情報取得のためのセンサー技術、通信技術、これらから得られる情報を統合して車両をコントロールする制御技術を進展させる必要があるのはもちろんのこと、自動車交通に関するソフトな社会インフラである交通ルール、その他の制度が自動運転車両を受け入れ可能なように改変されることが必要である。この努力はいわれる「ジュネーブ条約」（道路交通に関する条約；ジュネーブ交通条約などとも略される）の改定・批准及び条約を斟酌した各国の法の変更などで試みられているが、より広範囲にわたる立法対応によって可能となる。

3. 運転エラーの回避：自動運転車と人間によるエラーの回避法の違い

　自動車とその運転行為は社会の安全との調和がとれていなければ存在できない。現在自動車の運転者（＝人間）は目的地までの移動のために、周囲の環境を認知しつつ、他の移動体との関係を定めたルールに即して自動車を運転操作し、事故を起こさず設定された目的地に到達する責任を負う。この間に運転者は操縦に起因するストレスばかりではなく、道路渋滞による目的地への到達遅れによる苛立ち、さらには進路に割り込んでくる他の自動車運転手への怒りなど様々な運転行為に起因するストレスを抱えながら運転しなければならない。このようなストレスはヒューマンエラーの遠因となる。

　さらに、人間の生物としての能力の劣化もヒューマンエラーの原因となる。しばしば日本国内で問題を起こしている認知症を疑われる高齢者の引き起こす重大事故（道路の逆走など）が典型例である。認知症であったかどうかは統計上明らかにされていないが、高齢運転者による交通死亡事故は、75歳以上高齢運転者の免許人口あたり死亡事故件数が75歳未満の運転者に比べ2倍以上多くなる（75歳以上、免許人口10万人あたり死亡事故件数8.9件に対し、75歳未満では3.8件、死亡事故全体に占める75歳以上高齢運転者の割合は平成28年で13.5％）ことなどが特色として指摘されている[13]。このような、事故が頻発すれ

ば、事故防止の観点から本来移動の自由をアシストするために自動車を必要とする高齢者が、年齢一律に免許返上を余儀なくされるなどして却って移動の自由を失うことになる。このような交通・移動の自由を高年齢になってもヒューマンエラーを顕在化させず、事故なく享受できるようにするのが高度運転支援・自動運転の大きな価値とされることは既に指摘した。

　システムに依存しない現在の自動車では、外部情報の取得から、車体の操縦・制御行動に至るまで、「人間の五感によって認知された外界情報」が「事故の回避方法」「事故回避のために取る行動の法規との整合性」「従来の運転経験による状況の類推」などをベースに人間によって「判断」され「制動などの運転行動が決定される」プロセスを経る。そのためこの一連のプロセスの随所にヒューマンエラーが介在し得る。

　安全な交通を実現するため、人間は、交差点の陰から飛び出してくる子供のような「認知できない・顕在化していない事象」を、内部に蓄積した「経験」をベースとして交通状況の進展を「補完・予測」し「運転行動の判断」を行っている。

　現在の車載ベースの情報処理メカニズムにどれほど精緻にアルゴリズムを書き込んでも、自動車がおかれる可能性のあるシチュエーションを事前に網羅しておくことはできない。また、ドライバーである人間の行う運転は、自らの経験および他からの学習から蓄積したデータを参照して類推的な判断、言い換えれば想像力を生かして行っている運転である。これに対し、自動運転車は、各種センサーによって独力で取得する情報だけでなく、インフラ、先行車両、後続車両とのデータリンクによって獲得される膨大な情報も加えて迅速に処理することで人間では埋められなかったデータの隙間を極力正確に埋め、人間とは異なり「事実」のみによって運転行動をとることになる。

4．自動運転と通信の役割

　「同時に取得される大量の情報を処理しながらの運転」を可能にするためには、自分が今どこにいるか、交通流がどのような挙動を示しているかなど車対車、車対インフラの情報のやりとりを行う能力を備えていることが必要不可欠である。

　自動車の運転に必要な外部環境情報の取得方法としては、ⅰ）自動車自身の能力で情報を採取するケース（GPS・カメラなど搭載されたセンサーによる）だけではなく、ⅱ）車両相互の位置、検出された位置関係とその変化量など、自動車が他の自動車との通信で情報を取得するケース（車・車間通信）（Vehicle to Vehicle：V2V）、ⅲ）歩道上の人の動きの通報など、道路混雑状況の情報提供、自動車そのものが、交通インフラと情報交換を行って情報（交通流量、地形その他）を取得するケース（Vehicle to Infrastructure：V2I）などがある。どのようなケースであっても情報のやり取りには「通信」が必要であり、「通信」をどのような手法によって行うかという、いわば横串的な技術領域については、情報・通信系産業が大きな関心を示している。例えばGoogleは、巨大な情報のやりとりが発生する自動車とその自動走行を支援するシステム、さらにはIoT端末（特にエンターテインメント系端末）としての自動車に対する関心が高い。自らグーグルカーと称するレベル3~4相当の実験車両をカリフォルニア州交通局の許可を得て公道で走行させる実験を2015年6月から開始している。[14]

　更に、このような外部環境認知のための通信に加え、車内制御系情報の交換、車両状態の検知とメンテナンス情報の発信など、大量の個別車両情報を収集し、外部とやりとりする技術は車両の今後を考える上で必須の技術となりつつある。

　以上見たように自動車にとって「通信」がその重要性を増しているが、外部のデータの交換に用いられるポートは最も外部からの攻撃を受けやすい「窓」となる。

　自動車の製造から運用に至るプロセスで、どのような情報セキュリティ上の

攻撃ポイントが上げられるかについては松本により、概略以下のように指摘されている。曰く、①OBD-Ⅱ（On Board Diagnosis second generation）ポートからの攻撃②外部接続するECUの脆弱性の利用をした攻撃③TPMS（タイヤ空気圧監視システム）等の外部と信号授受を行う機器に対する盗聴・なりすまし、④外部接続したサービスへのDoS攻撃⑤偽のサービスへのなりすまし⑥ECUプログラムのアップデート（特にOver the Airによる場合）の際、悪意あるプログラムの提供⑦スマートキーの信号増幅による車両盗難⑧信号の盗聴やなりすまし⑨虚偽のGPS信号による位置の誤認⑩部品工場段階でのトラップドアが仕込まれた部品の混入⑪修理工場での偽の保守ツールによるプログラム書き換え⑫不正品・粗悪品の混入・置き換えなどの計12か所がサイバー攻撃のポイントとなり得るとのことである。また、センサーに対して直接妨害電波を照射すると行った「センサーハック」への準備の必要性が指摘されるようになってきている。

5.「通信」「情報のやりとり」の持つ脆弱性

　松本の指摘にもあるように、V2V、V2Iなどの各種通信過程を経由して、悪意のある者が情報端末としての自動車に対して攻撃し、あるいは、あるいは自動車を踏み台として各種社会システムに対して攻撃を仕掛けた場合、交通流の混乱だけにとどまらない悪質な事件を誘発することができる。また、車両状態の検知とメンテナンス情報の発信などに用いられるポートは、外部からの攻撃を呼び込むポートになる可能性が高い。

　以下に示すのは実際にアメリカで起こったハッキングの事例である。被害に遭ったのは一台のFCA（Fiat Chrysler automobiles）のジープチェロキーで、Dr. Charlie Miller（Security Researcher, Twitter社）とChris Valasek（Director of Security Intelligence, IO active）（肩書きはいずれも当時）の二人がシステムのハッキングに成功した。この事例がWiredにAndy Greenberg氏の署名記事

で紹介されている。

　以下に同記事の抄訳を示す。(筆者訳出)

「(以前の) 彼ら (MillerとValasek) のハッキングには、慰め程度のものでしかないが、限界というものがあった。それは車の整備士が通常、車のプログラムを直すときのように攻撃者のパソコンは車と物理的につながっていなくてはいけなかった。それから2年後、カージャックは遠隔操作が可能になった。二人は来月ラスベガスで行われるブラックハット・セキュリティ・カンファレンスでの発表にあわせ、成果の一部をインターネット上で公開しようと計画している。自動車産業を震撼させ、法規制の導入まで検討させた、ふたりのハッカーにとっては、それが最新の成果公開になる。……(後略)」(下線引用者)

　上記の引用中下線部に示したように、ハッキングの技術は大いに進展し、OBD-2経由の有線ハッキング(森本の指摘の①)のみを懸念していればよかった時代は過去のものとなり、森本の指摘の②(外部接続するECUの脆弱性に対する攻撃)が現実になった。事態を重く見たFCAは、遠隔で電子的攻撃を受けた端末と同様の脆弱性を持ったソフトを利用する複数の車種をリコールした。[17]

　自動車との情報のやりとりによる運行情報の吸い上げ並びにハッキングの可能性については、先に紹介したDr. Charlie Miller、Chris Valasekが、2013年に主要自動車メーカーのセキュリティ対策及び利用者のプライバシーの保護対策についてのレポート[18]を発表している。これに注目した、エド・マーケィとリチャード・ブルーメンソールの二人の米国上院議員、特にエド・マーケィ上院議員が独自に行った自動車メーカー(GM、フォルクスワーゲン、など16社を対象)に対する調査[19]により

1)　ほぼ100%の車にワイアレス通信技術が用いられていること。

第1章　自動運転導入のための課題

2) ハッカーなどによる遠隔操作に対する防御手段は、車として統一されていない、あるいは行き当たりばったりなものであったこと。
3) 自動車会社はドライブ履歴や車両のパフォーマンスに関する莫大な情報を集めていること。
4) これらの膨大な情報は無線で各社のデータセンター又は第三者の運営するデータセンターに送られているが、これはそのデータが安全な状態にあることを意味しないこと。

などが問題点として明らかにされた。

マーケイ議員の調査も示す通り、現状、自動車はレベル2段階以下のものであっても、外部との通信を行い、その通信に対するハッキング防止技術が不十分で運転者をハッカーから守る術が明確に欠けたまま走り続けている。ハッカーが無線で運転を乗っ取れることを立証したJeepチェロキーの例は、実に重大な意味を持っている。

また、この事件は情報セキュリティ対策の不備はリコールの対象となるという実践例を作りだしたという点で、自動車業界に大きな問題を提起している。

情報セキュリティ対策の不備がリコールという大損失を招くことに直結するのであるから、未然防止のため、ハッカーの自動車システム浸透に対するセキュリティの評価試験の実施が自動車メーカーにとって不可欠であることは自明である。特に、リアルタイムの攻撃に対する防御の構築が重要である。

自動運転車両が通信を必要とすることに伴う問題点をまとめると以下の通りとなる。

1) どのようなレベルであるにせよ、自動車は自動運転の実行のために必要な情報を無線によって自動車内に取り込まなければならない。外部から取り込まれる情報は自動車の安全運行に必要なものから、乗り手のエンターテイメントに必要なものまで各種である。

サイバーセキュリティ問題の解決策として、通常のパーソナルコンピュー

ターの脆弱性対策同様、無線でのソフトウエアの随時アップデートによる安全確保を主唱する向きがある。確かに現時点での問題に対処することはできるが、第三者に対し常に自動車の全システムにアクセスすることを認める結果ともなり、松本も指摘しているが、フェイクのパッチを送りつけられるリスクがあることを考えるとこれは両刃の剣である。

　ソフトウエアのパッチで手当てをすればよいという考え方は、自動車にオープンソースのソフトウエアを導入することを検討すべきだとのルネサスのジョエル・ホフマンの考え方が背景にある。[20]

　彼のポイントはオープンソース化することにより、外部からの脆弱性攻撃に対する安全性を下げるように見えるが、ソフト開発の良き協力者を得られれば、ハッカーに対してホワイトハッカーが集合して対処する時間を短縮できるという点にある。だがオープンソース化がソフト開発自体にどれほどの効果をもたらすかは現状未知数である。オープンかクローズかいずれの開発手法に依るにせよ、改修ソフトウエアは個別の自動車オーナーに届けられなければならない。本体プログラムをいかに確実に使用過程車のソフトを修正プログラムでアップデートするかということこそが極めて重要な問題である。

6. システム不具合の解消：市場リコールとハッキング対策

　従来自動車メーカーは不具合部品に対して「リコール」という手法で対応してきた。リコールの通常の方法は、当該自動車のユーザーを特定し、部品の交換を通知し、自動車保有者が最寄りの修理工場で修理（修理費用はメーカー負担）するというものである。修理工場の修理を推進することで、不具合対処済みの自動車の把握が確実に行えるメリットがある。FCA がとった USB を用いたプログラム書き換えは、スピード感については問題があるが、リコールがどの車で行われたかを確実に把握できる手法である。現在のパーソナルコンピューターでしばしば行われるのと同様に修正パッチを提供して修正をかけると

いうやり方は、新プログラムが正しくインストールされ利用可能となったかを自転車メーカーがきちんと把握できないという問題がある。また、修正パッチの上にさらになにか仕掛けられるかもしれない危険性まで読み込むなら、修正の確実な実施の担保のためにはFCAの手法には合理性がある。

　ハッキング対策は、ハッキングプログラムをアップロードさせるハッカー達は基盤が物理的につながってさえいれば車内のあらゆる領域に侵入してくる可能性があることを念頭に置くべきである。特に車両制御系を設計する上で、例えばエンジンのコントロール、ブレーキのコントロールなど、運転の根幹をなす部分への介入を防止するために、情報の流れが物理的に切断されているなどの工夫をシステム設計上行わなければならない。

　ハッキングはSAEのレベル3の能力を持つ自動車において、人間に運転の主導権を戻すべきとされる緊急事態を引き起こす可能性がある。ハッキングがもたらす機能障害に加え、この機能障害によってパニックに陥った乗員による一層の誤操作により、事態が一層悪化・拡大する可能性がある。

　このような事故拡大の流れに陥らないためには、自動運転のレベルの定義にある「人間への運転の委譲」の問題を仔細に検討する必要がある。

7. レベル3での運転責任の委譲問題

　SAEのレベル1～2の自動化段階の自動車は、人間が運転を行う主体であり、システムはその運転行為の一部の代替・支援を行うのにとどまることが明確である。このような車両は「高度運転支援（Advanced Driving Assistance System；ADAS）車両」と整理できる。

　始動と停止の一部にのみしか人間の関与が必要のない段階のレベル4～5に達すれば「自律走行（Autonomous Driving）」と呼称されるべき段階に入る。

　レベル3の車両は通常走行時はレベル4に相当する能力を持つが緊急時に運転の主導権を人間に引き渡すものと定義されている。この結果、レベル3は人

間の関与を前提としない自動運転車概念と、人の関与を前提にする高度運転支援車概念が交錯した位置にあることになる。このため、以下の二つの問題点が発生する。

(1) 人の操縦能力の劣化

　航空機に自動航行装置が導入されだした1970年代から、ハードウエア専門家とヒューマン・ウエア専門家の間で行われた論議がある。概要をまとめてしまうと、「ハードウエア専門家は、定量化が困難で不確定性の高い人間信頼性を含むシステム作りよりも、安全性を高めるには人間を排除した全自動化、無人化システムの方向に進むべきであると主張し、ヒューマン・ウエア専門家はシステムの複雑さが高まるにつれて、無限に発生する可能性のある事故要因あるいは緊急時にはやはり人間の幅広く、自己プログラム能力や柔軟性、創造性に頼らざるを得ないと主張する[21]」という状況が発生したのである。黒田の指摘したこのハードウエア専門家とヒューマン・ウエア専門家の論点を工学的に折衷した解として現在の航空機（エアバスA320の例では操縦室は空飛ぶ巨大コンピューターのインターフェースと評された）では人間は実質的に離陸時3分、着陸時は1分程度インターフェース越しに、操縦に関与し、状況が正常である限り残りのフライトタイムは飛行状況をインターフェース越しに監視しているのみとなっている。

　現在の航空機のインターフェースでは、飛行中搭載されたコンピュータシステムが意図されたとおりに働かなくなった時、あるいは予想外の事態が生じた場合、問題解決のために操縦は本来自己プログラム能力を持ち創造性が高いと期待される人間に引き渡され、危機的な事態が回避されることが期待されている。ところが実際には手動操縦を余儀なくされ、今やまれとなった役割へといきなり押し出された人間（パイロット）が間違いを起こしていた事例（エールフランス447便（エアバスA330-200）墜落事故[22]、あるいはコンチネンタル・コネクション3407便（米国内線[23]）墜落事故）について、米国国家運輸安全委員会

は人間への操縦引き継ぎがかえって事態を悪化させ、失速警報の設定ミスと、失速時の対処ミスを原因とした人為的な事故と断定した。この事実を受け、米連邦航空局は航空警報（Safety Alerts for Operators: SAFO）で "A recent analysis of flight operations data (including normal flight operations, incidents, and accidents) identified an increase in manual handling errors. The Federal Aviation Administration (FAA) believes maintaining and improving the knowledge and skills for manual flight operations is necessary for safe flight operations." と指摘し、マニュアル飛行の練度向上をすべての航空関係者に要請した。

(2) 自動車での運転引き継ぎ問題

このSAFO発出の原因となった事故は、パイロットが過度にオートメーションに依存するようになりつつあるため手動操縦のスキルが衰え、状況認識力（身体知に属するものを含む）が落ちたことを示している。

自動運転のレベル3段階において緊急時に運転責任を人間に委譲すること自体、黒田の指摘した「ヒューマン・ウエア専門家とハードウエア専門家の見解の相違」の自動車部門における工学的な折衷点とみることができる。このような状態における人間の対応能力については、自動車領域ではSAFO13002発出の経緯のような経験に基づく議論が幸か不幸か不十分である。だが、今まで経験していないという幸運が今後も続く保証はない。突然人間が運転責任の正面に位置づけられることになったときの行動予測の前提として、どのくらいすばやく人間に運転を引き継げるかのメカニズムの議論が必要である。そればかりではなく実際の公道走行実験などの結果を受け、どうすれば引き継いだ人の手によった安全運転行動を期待できるか、また自動運転に慣れた人間の人的スキルの劣化がどのように進行するかなどの事例収集が必要である。この観察・記録し、収集したビッグデータに対し詳細な検討が加えられ、対策が検討されることが重要である。

この事例収集の必要性について実例を見よう。2017年6月19日付のロイターによれば、2016年5月に米フロリダ州で米電気自動車（EV）大手テスラ・モーターズ（TSLA.O）のEVが運転支援ソフト「オートパイロット」を使用中に事故を起こし、ドライバーが死亡した。ロイターは「ドライバーは自動警報が繰り返されたにもかかわらず、しばらくの間、ハンドル操作をしていなかった」と報じた。本件を調査した米国運輸安全委員会（National Transportation Safety Board 以下NTSBと略する。）の500ページにわたる調査報告によると、死亡したドライバーは37分間の走行中、「ハンドルを握ってください」という警告メッセージが7回表示され、そのうち6回は1－3秒間の警告音が鳴ったにもかかわらず、25秒しかハンドルを握っておらず、走行中のほとんどの時間がオートパイロットモードのままであったこと等が明らかにされている。本件は運転者本人が死亡しているため、警告音が発せられているにもかかわらず、なぜ運転の委譲を受けなかったのかのプロセスが明らかでないが、このような事例を積み重ねて研究することが自動走行レベル3自動車の運転委譲に関するルール作りには必要である。

さらに最近は自動運転車の走行総距離が伸びるにつれ、例えばウーバー社の起こした複数の死亡事故例が報じられるようになっている。運行の監視役として車両に乗り込んでいた人物が居眠りをして事故の際に反応できていない様子がドライブレコーダーにより記録され、テンピ警察によって公開されている。

レベル3の自動車において、マニュアルオーバーライド（マニュアル運転による操作指示を自動運転による指示に優先させる装置）を備えていても、どの段階で人間に運転の主導権を委譲するかのタイミング設定の決定権は自動車の側にある。この判断、いわば「委譲タイミングのさじ加減」をどのように車載コンピューターにプログラムするかは、事故時に自動車メーカーあるいはプログラマーと運転者の間の責任分配決定過程で大きな問題を生む。交通ルールとは別の意味合いでのルール化、即ち、自動車メーカー全員参加の人間工学、脳科学などによる検証を経た「標準化」が必要である。

8. 自動車の構造と、自動運転の社会システムの組み立てへの影響

(1) 交通ルールの必要性

　自動車はその質量、速度などの観点から多くの潜在的危険性を抱え込んだ社会的存在であり、社会の安全を確保するため運転主体の恣意による運行は許されていない。交通流の担い手として一定の予測可能性を持った行動が最低限要求される。この予測可能性をもたらすものが、実際の交通流を事故なく制御することを目的として設定される交通ルールであり、道路交通にかかわるものはこのルールに従うのが社会的了解である。規制面での我が国の最上位の成文規範は、「道路交通法」である。
　更に「道路交通法」による規制ルールは、実際の交通流の制御に直接関与するだけでなく、運転に伴う事故の責任分配を行う目安としても用いられている。

(2) 自動車運転ルールとその現場創発性

　交通流制御のルールは日本では道路交通法[30]によって規定される事は前項で述べた。具体的に同法は

「第一条　この法律は、道路における危険を防止し、その他交通の安全と円滑を図り、及び道路の交通に起因する障害の防止に資することを目的とする」と規定しこの法規の下に各種の定義が与えられ、誰が交通を規制するルールを示すかを示している。また、第六条においては
「第六条　警察官又は第百十四条の四第一項に規定する交通巡視員（以下「警察官等」という。）は、手信号その他の信号（以下「手信号等」という。）により交通整理を行なうことができる。この場合において、警察官等は、道路にお

ける危険を防止し、その他交通の安全と円滑を図るため特に必要があると認めるときは、信号機の表示する信号にかかわらず、これと異なる意味を表示する手信号等をすることができる。」

　このような現場対応重視の規定は、現場の交通秩序を回復し円滑な交通を維持するために、交通上のイベント（事故・災害等）が発生した現場において、警察官等を介在させた場合に限ってではあるが、即時的な対応すなわち「ルールの創発」を許容していると考えられる。
　合流、車線変更、対向車ありの右左折など、現実に無数に発生している交通イベントの現場を支配しているのは「道路交通法」の文言、あるいは同法によって認められた状況に介入した警察官により創発されたルールのみではない。「道路交通法」の存在を踏まえつつ、現場で、交通の現実にあわせて直接の交通当事者同十によって創発されるルールがその時点でその場を支配している。以下に想定される代表的な事例を挙げる。

＊本線車道において最高速度規制を守っていない車が多く、実際の交通流は最高速度規制違反を前提として「円滑・平穏に流れている」場合、自動運転車が最高速度規制を墨守することはかえって追突事故や渋滞の原因となる。
＊一般に加速車線において本線車道を通行している自動車の速度まで加速して合流することはごく自然に行われている。本線車道を通行している速度が最高速度規制違反であるが「円滑・平穏に」流れている場合、法文上は交通違反であるが安全な交通流の実現を目標とするなら、これを法令違反として良いのかという問題がある。法令違反とすると少なくとも自動運転車はこのような運転はできず、かえって追突事故の原因となる。
＊本線車道が渋滞しているときに自動運転車が本線車道に合流するためにフロント部分を差し込む行為が法によって禁じられた「進行妨害」に当たるかは実は不明確で、違法であるとした場合、自動運転車が本線道路に合流することはほぼ不可能になる。

このような事例が従来無事にクリアされているのは、実際の状況において瞬間・瞬間にルールが運転者間で創発され、これに従うことが却って交通安全につながることが運転者間の暗黙の了解として確立しているからである。現状では現場において当事者間の瞬間の明示ないしは暗黙の合意を創発する能力を持ち得ない（自動）運転アルゴリズムを実際の交通の場に投入することは却って交通流を混乱させ、交通事故が増える可能性さえある。

(3) 交通ルールの現場創発性と自動運転車の運行が起こす混乱

　このような「現場におけるルール創発」がフェーズ4段階に達した自動車を供用して現在行われている社会実験にどのような影響をもたらしたかについては以下の事例が興味深い。
　マサチューセッツ工科大学（MIT）のジョン・レオナルド教授は2015年4月10日付ウォール・ストリート・ジャーナル[31]に「自動運転に関して解決しなければならない問題は多数残されている。」として、同教授自身が、ボストン周辺を3週間にわたって自動運転車に乗りながら撮影した動画を披露し、現段階の自動運転車では立ち往生する状況が何度となくあったことを明示した。また、「青信号は常に『進め』を意味するのでしょうか」と、同教授が問いかけながら示した写真は、警官が手信号で交通整理し、青信号にもかかわらず運転手に「止まれ」の合図を手で示している場面だった。その逆に、赤信号にもかかわらず警官が「進め」と指示した場面もあった。また、同教授が、交通量の多い道路に左折しようとしていると、進入先車線の運転手が手前で停止し「お先にどうぞ」という具合に手で合図してくれたため、混雑したレーンに入ることができた場面もあった。「人間の手を振る動作を、車はどう解釈するのでしょうか」とレオナルド教授は問いかける。また教授は、「この種の人間同士の意思疎通は機械にプログラムするのが難しく、それが自動運転に残された課題を示している」とも指摘している。

また、New York Times 電子版はグーグルカーが 2015 年 8 月横断歩道にいた人を通すためにブレーキをかけたところ人間の運転していた車に追突された事実を報じている。[32]

　レオナルド教授の実験及びこのグーグルカーの事故例は、実際の交通の場で交通する複数のエージェントの接触面を支配しているルールは、交通の現実にあわせて交通行動に参加している主体相互の関係の中から創発されるルールであり、創発に失敗すれば自動運転車を当事者とした事故が起こることを示している。加えて現在の自動運転アルゴリズムではこれに複雑な交通環境には追随できず、ルールの創発に参加しえないことを示した点が重要である。

　また、グーグルカーの事例は、自動運転車両単体が法規に従っていることでは事故は防止できず、他の交通主体（エージェント）との関係性を運転アルゴリズムに組み込んだ車両制御の必要があることをも示している。

　本来であればこのように随時に創発されるルールに車両に実装された運行アルゴリズムが対応し、判断することが理想である。だが、現状のコンピューターは車上で自動的にこのような判断が構成されるレベルには達していない。複数の行動の選択肢が解として示された場合に、どの行動を選択するかの基準は人間から事前に与えられなければならない。この点は、社会的な責任の分配の議論の基盤としても重要である。

　また、起こりうるすべての選択を事前に網羅的に想定することはできないということも重要である。AI はトライアルアンドエラーの積み重ねで学習をすることができるが、いったん完成車として上市されたら、自動運転車の運転行為にエラーは許されないとするのが社会通念である。まして、路上での試行錯誤の積み重ねによる学習が必要な自動車という考え方は「自動車という商品」として許されない。「走りながら考える」傾向の強い IT 系の発想とのずれが表面化した場合には、自動運転車両の社会的な受容に当たっての大きな思惑違いが自動車の作り手内部に重大な問題を引き起こす可能性がある。

　上市された車に製造上の欠陥を許さないのが自動車ユーザーであり、このようなユーザーの性向に対応するためには、上市する以前に机上のシミュレーシ

ョンの数をこなすことによって多くの「ケース」を学習したアルゴリズムを作り上げることが必要である。さらに、不幸にして実地に起こった事故例などの解析・経験を、供用されている自動走行車にどう提供し、アルゴリズムを成長させるかは極めて重要な課題となる。そのような「供用されながら成長をするAI」は、自動車に直ちに実装が可能な状況ではない。

9. 責任分配論：ADAS（高度運転支援車）と Autonomous Driving（自動運転車）での相違

　高度運転支援車の場合、支援を受ける対象としての人間が存在し、緊急事態の原因が自己（車両）の外の要因に依るのか、自己（車両）の故障に依るのかを問わず、システムの動作を監視させ、緊急時には柔軟性に富んだシステムである人間に操縦を委譲し、最終的な事故の責任を運転者である人間に課することになる。ただし、運転者が人事不省に陥って運転が不可能になった際に人間に代わって路肩に寄せて停車するようなケースでは、自動運転車のそれと同様の議論となろう。

　自動運転自動車が事故を起こした際の責任は、合理的に自動運転車に頼っていた人間を法的に非難することはできないことから複雑な問題を生じる。つまり事故の責任は人間が運転行為に介在していないので運転者に帰することはできない点が問題となる。わかりやすくたとえるなら、運行に関与していない鉄道の事故の責任を乗客が問われることはないのと同様と考えていただければよい。

　仮に、事故の原因が自動運転車両の不具合にあったのであれば、事故の責任は大きいくくり方で言えば「自動車製造者」に寄せられるであろう。故障の態様によっては故障原因を走行前に判断できなかった安全点検システムを作り出した関係者に帰責することもできる。また。始業前点検によって本来発見できた不具合を、点検を怠ったことによって発現させてしまった点検責任者の責任ととらえることも場合によっては可能である。

外的な要因からの事故であれば、利用した便益によって引き起こされた事故として乗員の責任に帰するという論理も成立するし、あるいは事故無く自動的に目的地まで乗員を送り届ける責任を果たせなかった「自動運転サービスの提供者」としての自動車メーカーあるいは運転サービス提供者の責任と考えることもできる。さらには、自動車メーカーから受託して自動走行アルゴリズムを作成したプログラマーの責任など様々な帰責主体が考えられる。

運行アルゴリズムは、現状ではすべての運転シーンに対応して即時自動生成される状況には至っていない。プログラマー、あるいはより上位にいる自動車メーカーはどのような回避行動をとってもそれぞれの回避行動の結果事故発生が避けられない状況を想定する必要がある。事故の態様がいかなるものになるとしても、回避行動をとらねばならず、回避行動選択に当たってはその行動を選択したことについての何らかの合理性が必要である。例えば、大型のSUVと小型の自動車のどちらかに当たらなければならない状態になったとき、どちらに当てることを選ぶかというような種類の問題である。いずれに舵を切るべきかという判断の妥当性を俎上に載せる問題としていわゆる「トロッコ問題」がある。これについては水戸部啓一が早稲田大学自動車部品産業研究所紀要第19号所収「自動運転技術総論」第5章において紹介しているので参照いただければありがたい。(33)

自動走行車の乗員の安全を考えるなら、プログラマーはより乗員に対する衝撃が小さい小型自動車に当てることを選択し、プログラムしなければならない。当てられた相手方の被害を小さくしていくためには、逆に頑丈なSUVに当てるべきかもしれない。このような決断を一義的にはプログラマーと車両開発者は仔細におこなっていかなければ運転アルゴリズムは書けないことになる。

システムが関与した自動車の起こした事故の責任分配論は、国内でも刑事責任については警察庁を中心とした行政に反映するための実務的な議論が緒に付いたばかりの問題である。具体的な問題は、法律上の責任配分と、保険（自動車賠償責任保険）による損害の補填の議論に集約される。保険についての議論に対応してきた国土交通省の「自動運転における損害賠償責任に関する研究

会」(平成28年11月第1回〜平成30年3月まで開催)の報告書がとりまとめられている。この報告書は、レベル0からレベル4までの車両が混在して走行している状況を前提に、ドライバーが運転に関与しないことから、自動車損害賠償責任の特色である運行供用概念(これによって事実上の無過失責任が運転者に課せられる)を自動車「所有者等」に運行供用者として従来通り責任を負担することが妥当か?などの論点について論議された。平成30年3月にまとめられた研究会報告書[34]の概要は以下の通りである。

1. 自動運転と自動車損害賠償保障法
　民法の特別法である自賠法は、運行供用者(自動車所有者等)に、事実上の無過失責任を負担させている(免責3要件を立証しなければ責任を負う。)。
2. 論点整理
　議論の前提
　1) 高度自動運転システムの導入初期である2020〜2025年頃の「過渡期」を想定し、レベル1から4まで、特にレベル3及び4の自動運転システム利用中の事故を中心に、自賠法に基づく損害賠償責任の在り方について検討する。
　2) ①レベル0〜4までの自動車が混在する当面の「過渡期」においては、(ⅰ)自動運転においても自動車の所有者、自動車運送事業者等に運行支配及び運行利益を認めることができ、運行供用に係る責任は変わらないこと、(ⅱ)迅速な被害者救済のため、運行供用者に責任を負担させる現在の制度の有効性は高いこと等の理由から、従来の運行供用者責任を維持しつつ、保険会社等による自動車メーカー等に対する求償権行使の実効性確保のための仕組みを検討することが適当である。
　(なお、求償の実効性確保のための方策として、自動運転技術の進展、自動運転車の普及状況、適正な責任分担の在り方等も勘案しながら必要な措置を検討することが重要である。
　例えば、リコール等に関する情報を求償時の参考情報として用いるほか、
　・EDR等の事故原因の解析にも資する装置の設置とその活用のための環境

整備

・保険会社と自動車メーカー等による円滑な求償に向けた協力体制の構築

・自動運転車の安全性向上等に資するような、自動運転中の事故の原因調査や自動運転システムの安全性に関する調査等を行う体制整備の検討（当該調査結果については求償のための参考情報としても活用可能）等も選択肢として考えられ、これらの有効性や具体的内容等については、国土交通省をはじめとする関係省庁・関係団体等が連携して、引き続き検討していくことが重要とされた。

②ハッキングにより引き起こされた事故の損害（自動車の保有者が運行供用者責任を負わない場合）については、現在、盗難車による事故の場合、一定の場合を除き、政府保障事業により損害のてん補を行っている実態があり、ハッキングにより引き起こされた事故の損害については、自動車の保有者等が必要なセキュリティ対策を講じておらず保守点検義務違反が認められる場合等を除き、盗難車と同様に政府保障事業で対応することが適当である。

③自動運転システム利用中の自損事故について、自賠法の保護の対象（「他人」）をどのように考えるかについては、自賠責保険は、「他人」への損害のみを対象としており、自損事故の場合には、運行供用者又は運転者は損害のてん補を受けることができないとしていることもあり、当面の「過渡期」においては、自動運転システム利用中の自損事故については、現在と同様の扱いとし、任意保険（人身傷害保険）等により対応することが適当である。

④「自動車の運行に関し注意を怠らなかったこと」について、どのように考えるかについては、運行供用者の注意義務の内容として、関係法令の遵守義務、自動車の運転に関する注意義務、自動車の点検整備に関する注意義務等がある現状に鑑み、今後の自動運転技術の進展等に応じ、例えば、新たに自動運転システムのソフトウェアやデータ等をアップデートしたり、自動運転システムの要求に応じて自動車を修理すること等の注意義務を負うことが考えられる。

⑤地図情報やインフラ情報等の外部データの誤謬、通信遮断等により事故が発生した場合であっても安全に運行できるべきであり、かかる安全性を確保することができていないシステムは、「構造上の欠陥又は機能の障害」があると

される可能性がある。

　以上が骨格である。
　実際に保険あるいは損害の補塡の議論を行うためには、判例法としての責任配分の実務の積み上げが重要になる。具体的な裁判例が積み重ねられ、事故が起こった際のデファクトベースのルールを実務的な積み上げていくためには、「どのような状況で、誰が、何をし、あるいは何をしなかったことによって事故が起こり、どう被害が拡大したかを判断する」ことが重要になる。この「実際に何が起こったか」を知るためには最低限事故の数秒前からの運行記録の保全が必須である。この記録は現在の非自動運転車においても事故原因の究明、責任配分の決定に有意な情報を提供できるのであるから、運行記録の保全装置（ドライブレコーダー）の装着は今からでもすべての自動車に義務付けるべきと考える。運行記録保全のためのドライブレコーダーの必置規制の必要性については警察庁が委託した「技術開発の方向性に即した自動運転の段階的実現に向けた調査研究報告書[35]」に引用されている自動車メーカーの発言にも現れている。
　もちろん、システムの行った判断の正当性は、事後的に人間による裁判によって確認・決定されてゆかなければ、社会的な受容は期しがたいものとなろう。さらに、交通事故等に係る責任の所在を明らかにするためにどのようなデータが必要であるか、データの保存方法はどうあるべきか、データの改ざん防止対策はどうあるべきか、データの保存期間はどうあるべきか等について、我が国における社会受容性を踏まえて更に検討する必要がある。

10．自動運転車の実社会導入の手順

　非自動運転車両と、自動運転車両が一般公道において混在して交通する事象は、自動運転車を閉塞された地域にいわば封じ込めるのでない限り必ず出現する。自動運転車と非自動運転車が混交した際の事故の発生率については興味深

い解析例が本稿執筆時点で二件ある。

一件はミシガン大学のショットルおよびシヴァクが示した結果[36]で、混流状態では「自動運転車両は従来型の運転システムの自動車に比べて100万マイル走行するにあたっての事故率が高い。」と指摘している。

一方バージニア工科大学交通研究所がグーグルのスポンサーの下で作成し、発表したレポート[37]では在来運転法による自動車走行距離100万マイル当たりの事故発生数を4.2回、自動運転車は3.2回と推定し、自動運転車のほうがいくばくか安全であると述べている。

オートパイロットと称して自動運転をセールスポイントの一つにするテスラ社製の車による事故が

 2016年5月7日　http://business.nikkeibp.co.jp/atcl/report/15/264450/071500039/
 2018年3月23日：運転者死亡　https://jp.reuters.com/article/tesla-ev-idJPKBN1H33B3
 2018年5月29日　http://www.latimes.com/local/lanow/la-me-ln-tesla-collision-20180529-story.html

と報じられており、いずれにしても自動・非自動の移動体が混在する交通流での自動運転車の事故率、事故の発生原因の分析など、今後の一層の研究が必要である。

ただ、歩行者に代表される相対的に軽量、小型の移動体の立場に立つならば、自動運転車が、自動運転・非自動運転車混流の状況においても安全・安心な交通環境をもたらすと喧伝するのは、圧倒的に事例研究不足であり、時期尚早である。

自動運転車のプレインストールされた運行ルールとは別の、創発的なルール環境を要求する非自動運転車等は、自動運転車にとって挙動の予測をすることが極めて困難な対象となる。さらに非自動運転車と自動運転車の間の外界の認

知・反応速度のずれは、交通流という大きなシステムの中で不測の混乱を広範に起こす可能性が大きい。一般道の交通状況を考えても、自動二輪、自転車、歩行者などが混然としており自動運転車に求められる「判断・行動」は極めて複雑なものとなる。現に自律運転をうたうグーグルカーが事故を起こしている現状は、現行の車載コンピューターのアルゴリズムでは現実のもっとも一般的な交通事情に対応可能とは言えない状況であることを示している。

　現在のレベル4の自動運転車の社会導入に当たっては当分の間、自動運転車両の活動領域を高速道路の一定区間、あるいは運行のための特別な街区に限定し、先に紹介した鉄道における「閉塞」に近い運転環境の中で試行するという考え方を取る実務家が多い。（例：平成25年10月国土交通省「オートパイロットシステムの実現に向けて——中間とりまとめ」[38]は自動運転車両が高速道路（自転車専用道路）の一般車線を走行することを前提に議論を組み立てている。）

　これは、歩行者、自転車、自動二輪、非自動運転車、完全自動運転車、支援段階がそれぞれ異なる高度運転支援車が混在して交通流を形成し、交通の安全が確保されるかが確証されていない中、問題状況の発生を避けつつ、自動運転車の社会的認知を進めようとするための便法である。使用過程車がすべて自動運転車に入れ替わるまでの数十年は、完全な混流を前提として自動運転車を社会に導入することを考えざるを得ず、準閉塞状況下での運転という暗黙の制限を外しての運行が可能な車両の開発が必須である。

　以上見てきた事実に加え、自動運転車が実際に走行するようになると、使用過程にある自動走行車のハッキング対策を含めた性能の維持をどのように行うのかが重要な実務上の課題となる。自動運転を成立させる要素技術が誤作動を起こさないための適切な機能確認、自動運転車両に対応できる自動車整備体制の確保等に十分な目配りが行われなければならない。特に我が国の車検制度下においては、自動運転技術に用いられる電子装置の機能確認は現状対応できないため、新たな検査手法が案出される必要がある。

11. 総括

　ここまで筆者は、1) 自動運転の重要な目的であるヒューマンエラーの解消と、自動化技術のカテゴリー分けに若干の矛盾が含まれており、自動運転に慣れたドライバーがシステムから運転権能を委譲された場合に対応できなくなる可能性があり、むしろ重大事故を招きかねないこと。2) 自動運転の実行に際して極めて重要なV2X、あるいは車内の通信環境に攻撃を受け入れる窓口がありここからの悪意ある攻撃に対応するための手法の構築には自動車のハード・ソフト双方の設計段階から相当な慎重さと関係者の協調が必要であることを特に強く指摘した。

　レベル5の自動運転車は、運行に供用される自動車その他の交通関係者は「交通」という社会システムを構築するエージェントである。これらのエージェントが駆動するエージェントシステムでは、個々のエージェントの接触の都度、交通ルールは局所的に創発されていること、創発されたルールのありようを人間の動作などのシンボル操作で伝達し、必ずしも電気通信によらない様々な情報伝達手法が用いられていることを与件とし、それらの物理的サインをも認識して駆動する交通・運転システムを構築しなければならない。

　特に重要なのは即時創発型の交通ルールになれた手動運転者とプレインストールされた交通ルールが主たる参照先である自動運転車とが混在している場合、相手の動作を感知し、その意図を正しく推論し、相互に指示し合い、共通の交通ルールを瞬時に創発する機能が自動運転車側にも必須となるという点である。

　また、現在実務家が構想しているような、準閉塞環境下での公道実験をおこなうような場合でも、自動走行車両同士の近接、接触、相対的な回避行動の選択などは混流の状態ほどシビアな要求ではないにせよエージェント間でのルール創発を必要とする。

　どのような走行環境を想定するにせよ、端的に言えば自動運転車両のアルゴ

リズムを決定する際には、関与する車両・歩行者によるサインを見逃さずに検出できるセンサーと、その存在を前提として、相手の意図を忖度しその場での最良の交通ルールを創発する機能が運転アルゴリズムに与えられていることが望ましい。

　自動運転の運転アルゴリズムでは相互に相互の交通行動に関心を払い、創発されるべきルールが相互に利益を生む結果をもたらすよう方向付けをして実装されている必要がある。

　成文法の文脈では読み取れないルールの創発を行うプログラムの構成には、エージェント間の最適な現場判断を導出する能力を持っていることが必要となる。

　以上見てきたように今後なお解決せねばならない問題が山積しているにもかかわらず、テレビCMなどに表出した「自動運転」のイメージと自動運転車の能力にはギャップがある。このギャップに関し、自動車公正取引協議会は2016年11月28日に「自動運転機能の表示に関する規約運用の考え方」を取りまとめ、消費者に誤解を生まないように努めていた。[41]

　その後、宣伝による消費者への意識付けについてなお問題があることが、2018年1月に国民生活センターから「先進安全自動車に関する消費者の使用実態──機能を過信せずに安全運転を心がけましょう[42]」が公開され、自動車が獲得した機能に対する無自覚な信頼が危険を招くことが指摘された。自動運転機能といわれるものに対する過信が問題となることは自動車販売業者が認めるところとなっており広告表示に関するガイドライン（指針）の見直しに入っている。自動運転車の円滑な社会への導入を意図するなら、自動運転車の特質の何をどのように消費者に伝えるかというパブリックリレーションは極めて重要な検討課題である。

おわりに

　本稿では、現在多方面で多角的な論議が行われている「自動運転」について、特に、社会システムの中での存在基盤に関する事項を取り上げた。また、交通ルールの即時共創性に着目したプログラミングの基礎付けが車両運行を司る人工知能システムに必要であることを述べた。

　今後は、車載の人工知能にどのような機能を要求する必要があるか、そのような機能を備えた場合の自動車メーカー、運転アルゴリズムの設計者、自動運転車の利用者、その他関係者間の責任分配のあり方について、自動運転にかかるコンピューターサイエンスと人文科学の学際的な論点についてなお研究の深化を図っていく必要があると考える。

　＊本稿の執筆に当たり、『早稲田大学自動車部品産業研究所紀要』第19号（2017年上半期）所収拙稿（3-29ページ）を利用した。なお、本稿の内容は筆者個人としての見解である。

［注］
（1）内閣府　戦略的イノベーション創造プログラム　http://www8.cao.go.jp/cstp/gaiyo/sip/
（2）内閣府　自動走行システム研究開発計画　http://www8.cao.go.jp/cstp/gaiyo/sip/keikaku/6_jidousoukou.pdf
（3）経済産業省・国土交通省　自動走行ビジネス検討会（2015）中間とりまとめ報告書 http://www.meti.go.jp/press/2015/06/20150624003/20150624003-2.pdf
（4）「日本経済新聞」2016年12月1日
（5）http://jp.reuters.com/article/apple-car-idJPKBN13U011
（6）山下友信（2015）「自動運転と賠償制度の問題点」自動車技術　Vol6,9,12月号 pp28-32
（7）池田良彦（2015）「自動運転走行システムと刑事法の関係」　自動車技術 Vol6,9,12月号 pp33-38

(8) 中山幸二 (2015)「自動運転を巡る法的課題」 自動車技術 Vol6,9,12月号 pp39-45
(9) Federal Automated Vehicles Policy" 2016 September；USDOT NHTSA https://www.transportation.gov/sites/dot.gov/files/docs/AV%20policy%20guidance%20PDF.pdf
(10) SAE International j3016_201609（http://standards.sae.org/j3016_201609/）
(11) National Highway Traffic Safety Administration "Preliminary Statement of Policy Concerning Automated Vehicles" http://www.nhtsa.gov/static-files/rulemaking/pdf/Automated_Vehicles_Policy.pdf
(12)「官民ITS構想・ロードマップ2016～2020年までの高速道路での自動走行および限定地域での無人走行移動サービスの実現に向けて～」(高度情報通信ネットワーク社会推進戦略本部：平成28年5月20日) http://www.kantei.go.jp/jp/singi/it2/kettei/pdf/20160520/2016_roadmap.pdf
(13) 藤本真也 (2017)「我が国の最近の交通事故情勢」 自動車技術 Vol.71-4 pp6-12
(14) http://www.afpbb.com/articles/-/3052837?ctm_campaign = txt_topics
(15) 松本泰 (2017)「自動運転時代の車のセキュリティ」自動車技術 vol.71-1 pp53~59)
(16) "Hackers Remotely kill a Jeep on the highway – with me in it" Andy Greenberg；http://www.wired.com/2015/07/hackers-remotely-kill-jeep-highway
(17) NHTSA：Report Receipt Date: JUL 23, 2015 NHTSA Campaign Number: 15V461000)
(18) "Adventures in Automotive Networks and Control Units" Dr..Charlie Miller and Chris Valasek； http://illmatics.com/car_hacking.pdf)
(19) "Tracking & Hacking :Security & privacy Gaps put American Drivers at Risk" 2015 Ed Markey https://www.markey.senate.gov/imo/media/doc/2015-02-06_MarkeyReport-Tracking_Hacking_CarSecurity%202.pdf
(20) "Auto Line daily" 1st Sep.2015 http://www.autoline.tv/daily/?m = 201509&cat = 789&paged = 3 なお日本語への翻訳は筆者による。
(21) 黒田勲 (2001)「システムにおける人間と安全」システム/制御/情報 システム制御情報学会誌 Vol.45,No11, pp623-629,2001
(22) The National Transportation Safety Board's Accident Report AAR-10/01: Loss of Control on Approach, Colgan Air Inc., Operating as Continen-

tal Connection Flight 3407, Bombardier DHC8-400, N200WQ, clearance New York February 12, 2009 http://www.ntsb.gov/doclib/reports/2010/aar1001.pdf

(23) BEA final report., On the Accident on 1st June 2009 to the Air Bus A330-203, Registered F-GZCP, operated by Air France Flight AF447, Rio de Janeiro to Paris（official English translation）, July 27, 2012http://www.bea.aero/docspa/2009/f- cp090601.en.pdf

(24) Safety alert for operation SAFO13002 Date 1/4/13：U.S Department of Transportation. Federal Aviation Administration., Safety alert for operation SAFO13002 Date1/4/13., https://www.faa.gov/other_visit/aviation_industry/airline_operators/airline_safety/safo/all_safos/media/2013/SAFO13002.pdf

(25) https://jp.reuters.com/article/tesla-crash-idJPKBN19B01U

(26) https://www.ntsb.gov/news/press-releases/Pages/PR20170619.aspx

(27) http://www.bbc.com/japanese/43467055

(28) https://techcrunch.com/story/uber-self-driving-car-strikes-and-kills-pedestrian-while-in-autonomous-mode/

(29) https://twitter.com/TempePolice/status/976585098542833664

(30) 道路交通法（昭和三十五年六月二十五日法律第百五号）

(31) Wall Street Journal（2015 年 4 月 10 日）http://blogs.wsj.com/digits/2015/04/10/when-red-means-go-whats-an-autonomous-car-to-do /

(32) New York Times（2015 年 9 月 2 日）http://www.nytimes.com/2015/09/02/technology/personaltech/google-says-its-not-the-driverless-cars-fault-its-other-drivers.html?_r = 0）

(33) 水戸部啓一（2017）「自動運転技術総論」早稲田大学自動車部品産業研究所紀要第 19 号 pp51-66

(34) 国土交通省自動車局　自動運転における損害賠償責任に関する研究会報告書（平成 28 年 11 月第 1 回～平成 30 年 3 月）http://www.mlit.go.jp/common/001226452.pdf

(35)「技術開発の方向性に即した自動運転の段階的実現に向けた調査研究報告書」平成 29 年度警察庁委託研究　受託者：みずほ総合研究所 https://www.npa.go.jp/bureau/traffic/council/jidounten/2017houkokusyo.pdf）

(36) A Preliminary Analysis of Real-World Crashes Involving Self-Driving Vehicles：Scottle.B,Sivak.M; Report#UMTRI-2015-34 http://www.umich.edu/~umtriswt/PDF/UMTRI-2015-34.pdf

（37）"Automated Vehicle Crash-rates Comparison Using Naturalistic Data" http://www.vtti.vt.edu/PDFs/Automated%20Vehicle%20Crash%20Rate%20Comparison%20Using%20Naturalistic%20Data_Final%20Report_20160107.pdf
（38）国土交通省　オートパイロットシステムに関する研究会　「オートパイロットシステムの実現に向けて——中間とりまとめ」平成25年10月8日 https://www.mlit.go.jp/road/ir/ir-council/autopilot/pdf/torimatome/honbun.pdf
（39）「自動運転　機能の表示に関する規約運用の考え方」自動車公正取引協議会　新車委員会決定　平成28年11月28日 http://www.aftc.or.jp/content/files/pdf/aftc_info/aftcinfo_201612_4.pdf
（40）先進安全自動車に関する消費者の利用実態（独立行政法人　国民生活センター平成18年1月18日付記者発表資料）http://www.kokusen.go.jp/pdf/n-20180118_1.pdf

［参考文献］
ニコラス・G・カー著、篠儀直子訳『オートメーション・バカ　先端技術がわたしたちにしていること』2014年12月刊、青土社
ホッド・リプソン、メルバ・カーマン著、山田美明訳『ドライバーレス革命』2017年2月刊、日経BP社
「自動走行と自動車保険」　交通法研究46号、2018年2月、日本交通法学会
藤田友敬編『自動運転と法』有斐閣、2018年1月刊
「2050年自動車はこうなる」自動車技術会編
警察庁　自動走行の制度的課題等に関する調査検討委員会（2015年）　第1回委員会議事概要
http://www.npa.go.jp/koutsuu/kikaku/jidosoko/kentoiinkai/01/gijigaiyou.pdf

第2章
自動運転車への各社の取り組み

松島正秀

はじめに

　自動運転車の定義は米国自動車技術会（SAE）にてレベル0からレベル5までに分類され、現時点ではレベル2までの技術が多く市販されている。2020年代には各社がレベル3の定義に合う自動運転車を販売すると思われ、開発競争に拍車がかかっている。

　レベル3になると自動運転システムが「走る、曲がる、止まる」の全ての運転基本タスクを実行し、システムのドライバーへの介入要求等に対してドライバーが適切に対応することが求められる。レベル3では安全運転に係る監視や対応の主体はシステムが行ない、フォールバック中の安全責任はドライバーとなる。このことから、この技術の確立にはシステムに格段の信頼性が求められ、レベル3の自動運転車を開発する事が本格的な自動運転技術への道を開くことになり、完成車メーカー各社の開発競争は一段と激しさを増してくる。

　自動運転の実用化について、米国運輸局（USDOT）と米国運輸省道路安全交通局（NHTSA）はレベル2以上のクルマを市販するには、事前に安全性評価の提出を要求している。米国では運転免許交付と交通ルールは州政府が行なうために、自動運転車に対しては安全性の基準が必要となる。カリフォルニア州や他州では自動運転車に関するテストや、研究書類提出の基準を定めている。（表1参照）

表1 カリフォルニア州他7州とワシントンDCの主な提出書類基準概要

項目	ガイドライン
設計領域	交通環境下での機能と運転
物体と事案の探知と対応	認識と対応
緊急時の対応	システム欠陥時の対応
テストと検証	テストの妥当性の確認と検証
登録と証明	システムの登録と証明
データの記録と共有	事故対応等のデータ情報共有
事故後の対応	事故後のプロセスと機能復元対応
個人情報保護	ユーザー情報への配慮と保護
システムの安全性	合理的安全性を支える安全工学の実施
サイバーセキュリティ	ハッキングに対する保護
ヒューマンマシンインターフェイス	ドライバーや他の道路使用者に対するコミュニケーション手法
衝突安全	衝突時の乗員保護
ユーザー教育と訓練	使用者教育と訓練の要件
倫理的な検討	対立するジレンマへの対応プログラム
連邦、州や地方ルールへの適用	全ての交通法ルールへの車両適合プログラム

ミシガン州では州運輸局とミシガン大学の連携組織としてMTC（Mobility Transformation Center）を設立し、2021年の自動運転とコネクティッドカーの実用化を目指している。2015年には大学敷地内に、公道の交通環境や道路条件でテストできる市街地コースを建設し、世界初の自動運転とコネクティッドカーの共用テストコースを設置した。アナーバー市内には車車間、路車間通信の公道実験が行なえるインフラも整備された。産業界からはGM、FORD、BMW、トヨタ、日産、ホンダ、BOSCH、デンソー等がMTCに出資参加し、産学官の連携した動きが加速している。

1. 自動運転に向かう技術開発

2015年にTESLAが「MODEL-S」の自動運転車を発売するまでに、自動運転に繋がる多くの技術が実用化されてきた。

追従走行では1995年にレーザーレーダーを使用したACC（Adaptive Cruise Control）が販売され、その後レーンキープサポート機能や追従制御機能が加わり高速道路での追従走行技術が一般化していった。

衝突軽減技術は1997年のブレーキアシストから始まり、ミリ波レーダーやカメラを搭載したプリクラッシュセーフティとして技術が確立していき、自動ブレーキ機能として発売したスバルの「アイサイト」で広く認知される技術となった。衝突軽減では後方や側方衝突防止警告や後進時の衝突防止技術、歩行者との衝突を回避するステアリング技術等も実用化されている。

自車位置情報のナビは1981年発売以来進化し、GNSS（Global Navigation Satellite System）と高精度ジャイロの組み合わせで格段に精度が上がったが、測位信号は衛星が持つ誤差や電離層などの地域誤差を含み数mの誤差がある。今後は、国内1300か所の電子基準点で位置誤差を補正した測位補強情報を、4基の準天頂衛星「みちびき」を経由して配信することで、数cmの精度に向上させることができるようになった。

トヨタの「ITSコネクト」情報通信技術システムは、車載センサーで検出できないクルマや人の情報を、交差点の信号機から無線通信で受けることや、同じシステムを搭載した前方車の加減速情報を受け取り、スムーズな追従走行を行なうことができる。

自動運転関連の特許では特許庁が2013年度にまとめた「特許出願技術動向調査等報告」では、2005～2011年日米欧中韓出願件数でトヨタ、デンソー、BOSCHがトップ3となっている。パテント・リザルト社が自動運転関連技術出願を質と量の注目度で得点化した結果では、総合ランキングトップはトヨタで位置情報や通信情報で高評価を得ている。

2. 各社の自動運転実用化

EV開発を積極的に進める米国後発メーカーTESLAが、自動運転技術の実

表2 自動運転実用化の現状と計画予測

エリア	高速道路				駐車場	一般路		自動運転
機能	車線、車間維持追従	渋滞時前車追従	車線変更	合流、分流	自動駐車	緊急停止	歩行者回避	自動運転
TESLA	◎	◎	◎	2018年	◎			2020年
M.Benz	◎	◎	◎		◎	◎		2022年
BMW	◎	◎			◎			2021年
AUDI	◎	◎	◎		◎			
日産	◎	◎	2018年		◎			2020年
トヨタ	◎		2020年		◎			
ホンダ	◎		2020年				◎	
FORD	◎							2021年

用化で先行し、いち早く自動運転を市販している。

既存の完成車メーカーも自動運転の技術開発に取り組んでいるが、センサーやソフトウェアを含めてシステム信頼性の確保に慎重になり、市販に踏み切ることにためらいがあったのではないだろうか。技術革新には先駆者が必要であり、100年以上続いた自動車業界が遅れをとったのは、今までの経験や技術が蓄積され熟成された品質信頼からの飛躍が難しかったのかもしれない。

2020年代に各社がレベル3自動運転車の販売を計画していることから、自動運転が本格的に普及する時期になると思われる。各社それぞれが異なるハードウェアを使い、技術開発をしているが定量的な性能差とあわせて、ソフトウェアの違いはユーザーに混乱を招く恐れがあり、自動運転技術が進化にあわせて今後重要な項目となってくる。

(1) TESLA

TESLA「MODEL-S」の2015年バージョン自動運転技術は、12個の超音波センサーと1個のカメラから構成され、Mobileye社の技術が使われている。高速道路での車線に沿った走行と方向指示器の操作により車線変更を行う。

2016年バージョンは超音波センサーの性能向上とカメラを8個に増やし、

情報処理能力を40倍にしている。自動駐車機能は駐車スペースを見つけ自動駐車したり、遠隔操作機能「サモン」を使い駐車させることもできる。

装備されている17inのタッチスクリーンディスプレイには、後方カメラやナビ機能は勿論、ハンズフリー電話やインターネット通信も可能で、ユーザーに合わせたドライビングポジションや空調設定も行なえる。カレンダー機能に登録しクルマと同期させると、スケジュールに合わせて目的地へのルート交通状況を確認し、出発時間を計算し敷地内であればガレージの外に移動してくる。

TESLAの自動運転技術は2015年の「オートパイロット」から2016年の「エンハンストオートパイロット」に進化し、2018年末に完全自動運転（ハードウェアは「エンハンストオートパイロット」と同じ）の予約受付を計画している。「エンハンストオートパイロット」は「オートパイロット」に比べ、急カーブにもスムーズな対応する操舵性能を持ち、高速道路では走行レーンの速度が遅くなれば自動で車線変更し、目的地出口に近づくと減速しドライバーに通知して、運転を受け渡すシステムとなっている。

各国や地域の認可があれば、2019年10月以降に生産される全てのクルマにレベル5に対応したハードウェアを搭載するとしている。

完全自動運転のセンサーシステムとしては、前部に搭載されたナローフォワードカメラは最長250mまで視認する。周囲に搭載されたカメラで、高速道路での車線変更、視界の悪い交差点での検知と後方視認や信号などを検知する等、全周360°の視野を確保する。

前方のミリ波レーダーでは雨、霧、雪、塵等の気象条件下でも、先行車両の下部を抜けて最長160mまでの前方の物体を検知する。

超音波センサーは近距離8mまでの高精度視認で、並走する近接車の検出や自動駐車機能に使用され、クルマの近距離全周をカバーしカメラ機能を補完する。

TESLAは、完全自動運転の安全性は一般的なドライバーの2倍以上になると考え、運転席に座っている人の行動を一切必要とせずに走行が可能としている。TESLAに乗り込み行き先を伝えると、最適なルートを計算し交差点や一

時停止のある都心部を通り、目的地に到着すればパークシークモードになり自動駐車する。乗車時は遠隔操作機能「サモン」で呼び出すことができる。

　完全自動運転の実現にはソフトウェアの様々な条件検証や、各種機関の認可が必要になり、国や地域の規制により左右されるが、近年に米国横断デモ走行を計画している。

(2) GM

　2012年から自動運転の走行試験を開始、GMは5段階で自動運転を推移させる計画で、
　1段階：自動車はコントロールせずに警告を与えるのみ
　2段階：緊急時や危険回避のために機械やコンピューターが介入
　3段階：雨天、夜間を除く高速道路や特定エリア内での自動運転
　4段階：市街地等の複雑な状況で可能な自動運転
　5段階：運転手付きと同等の自動運転
としている。
　当面は、交差点が無く歩行者がいない高速道路での自動運転とし、各国の規制から法廷速度75マイルまでの自動運転で、車線変更はドライバーが行なうとしている。
　2017年発売の「キャデラックCT6」は、Continentalやカーネギー・メロン大学との共同研究で、カナダオンタリオ州にて開発した、前方及び周囲監視カメラと中長距離ミリ波レーダー、超音波センサーを搭載し、GPS情報と3次元地図を利用し、オートクルーズと車線維持機能を組み合わせた自動運転となっている。
　ライドシェアビジネス用に開発した、AI搭載の「BOLT EV」自動運転車をミシガン州で公道実験を行い、将来に向けてライドシェアサービスの検証を行なっている。市販「BOLT EV」は自動駐車システム機能を装備し、カーシェアリングに対応するためにAndroid Auto、Apple Car Playに標準対応し、

OnStar4G LTE 対応でスマホ充電装備や 10.2in タッチスクリーンを搭載している。

　自動運転の目的は事故防止や渋滞時の省エネ対策で、加えて高齢者や障害者向けの技術としている。安全性と現実性を考え車車間、路車間通信のインフラ協調型 ITS 技術との連携や、ドライバーとクルマのコミュニケーションを重視し、アクティブセイフティの延長にある各種安全システムを集約したものが自動運転に繋がると考えている。

　また、自動運転開発会社クルーズ・オートメーションを 5.8 億ドルで買収し、1,400 万ドルを投資し 1,000 名以上の新規採用を行なった。

(3) FORD

　スタンフォード大学、MIT、ミシガン大学と共同研究を行い、3 次元 LiDAR (Velodyne 製) 4 個を搭載し高精度 3 次元地図と組み合わせた自動運転車を、2016 年より公道実験を行なっている。

　最新の自動運転技術を搭載した「Fusion HV」は 360°の視界を検知する 4 個の Velodyne 製 3D-LiDAR、長短距離ミリ波レーダーやカメラと画像解析コンピューターを組み合わせて、雪道を含む道路環境下での夜間無灯火自動運転走行に成功し、試験走行を計画している。

　ドミノピザとミシガン州で自動運転宅配サービス試験を実施、注文客は GPS で配達状況を把握し、到着するとテキストメッセージを受信するシステムとなっている。このように 2021 年までに、ライドシェアやタクシーの配車サービス事業用のハンドルやアクセルの無い完全自動運転車の量産計画を持っているが、一般ユーザー向けの自動運転車の計画は 2025 年まで無く、レベル 2～3 自動運転車の計画も公表されていない。

　画像解析技術や AI ベンチャー企業サイプス（イスラエル）の買収や、Velodyne への 7,500 万ドル出資を行い、ブラックベリーと車載ソフトウェア開発で協力し、開発ソフトを車載情報システム「SYNC」に導入した。Google とは

自動運転での提携を交渉中で、Googleのシステム開発とFORD生産との組み合わせで共同事業を模索している。

(4) Mercedes Benz

2013年「s-500 Intelligent Drive リサーチカー」で、全長100kmの市街地を自動運転走行。渋滞時にはストップ＆ゴー・パイロットシステムを使い完走し、実現可能な技術段階であることを示した。

2014年には米国カリフォルニア州での自動走行公式許可を取得し、高速道路で車間距離を維持する自律走行トラック2台で世界初の隊列走行を行った。2017年米国で走行実験、2018年フリート顧客と運行共同実験を行い2025年までに実用化を目指している。

また、国際家電見本市（CES）でミリ波レーダー、カメラ、超音波センサーを使い、人、クルマ、障害物を検知する自動運転車「F015 Luxury in Motion」を発表した。「F015 Luxury in Motion」はFCV/EV（燃料電池＋充電EV）システムで航続距離1,100kmを実現した。周囲のクルマや人へのメッセージ表示ランプやタッチスクリーン・ドアライニング、全席回転対座シートなど自動運転に向けたクルマの内外装コンセプトも披露した。

2015年には自動駐車技術を公開し、2025年には複雑状況下での車車間、路車間通信に頼らない自律型制御システム開発を目指すとしている。

自動運転技術「ドライブ・パイロット」を搭載した「Eクラス」は、ミリ波レーダーとカメラを搭載し、複数車線での並走やガードレールに沿った走行を行ない。高速道路渋滞時は停止後30秒以内であれば自動発進し、2秒以上のウィンカー操作で側方と後方を監視のもと自動車線変更する。自動駐車機能はドライバーのブレーキやアクセル操作が不要で、欧州仕様はスマホでの遠隔操作も可能である。

世界初の安全システム「アクティブ・エマージェンシー・ストップ・アシスト」は、追従走行モードで運転中（手放し状態が続くと警告される）に、ドライ

バーが意識を失ったりした時など一定時間ハンドル操作がないと、緩やかに減速しハザードランプを点灯して停止する。

(5) VW/AUDI

　VWは2005年北米無人レース「グランドチャレンジ」参加をきっかけに、自動運転技術開発を本格化させ、量産車には「アダプティブ・クルーズ・コントロール」「レーン・アシスト」「パーク・アシスト」等の機能を装備している。
　先行研究では自動追い越し後に、元の車線に戻る自動車線変更機能を持つ「iCAR」や、衝突速度を軽減させるために、ABS内の火薬に着火する緊急制動ブレーキ「パイロブレーキ」等を開発し、2025年までには完全自動運転車を市販する計画を持っている。
　スタンフォード大学やContinentalとの共同研究や、Mobileyeと自動運転技術提携を行ない、地図データを常に更新するマッピングサービス「REM」（ロード・エクスペリエンス・マネージメント）を2018年以降車載する計画を持ち、米国での公道実験も行なっている。
　2017年ジュネーブモーターショーで初の自動運転コンセプトカーEV「sedric」（レベル5を想定したSelf Drive Carの意味）を発表した。プラットフォームはコンセプトEV「iD」シリーズと同じく、「MQB」戦略のEV基本プラットフォーム「MEB」（モジュラー・エレクトリック・ドライブキットの意味）を採用している。EVプラットフォームは全体が省スペース化され、自動運転機器の搭載性が向上することや、常時ネット通信等との接続や、画像解析データ生成に大容量の電力を必要とする事から、自動運転との組み合わせ相性が良いと考えている。
　コンセプトカー「sedric」は、搭載されたAIとの会話形式で操作し、ハンドル、ペダル、インパネが無い完全自動運転車コンセプト形式を採用している。又、利用時間の少ない自家用車を有効に使って、世界中で使えるモビリティIDのコントロールエレメントで、利用に合わせ指定した時間に呼び出せる、

コンパクトな省エネモビリティとしてのライドシェア利用も検討している。

　VWは今後数年間に数十億ユーロを投入し社内外に人材を確保し、人の移動全般に関わるモビリティプロバイダーへ転換することで、自動運転技術搭載はクルマへの販売寄与だけでなく、収益機会を広げる中核技術と位置づけている。

　AUDIは2005年から提携するNVIDIAの「Drive PX」を搭載した自動運転車を開発、2017年秋にはレベル3自動運転車「A8」を発売した。6個のカメラとレーザースキャナーを搭載し、自動運転モードに設定すると、ハンドルから手を離す事が出来る。ただし、ドイツの中央分離帯のある高速道路で、60km/h以下で走行している条件付きとなっている。ドライバーに安全に操舵を受け渡すのに、必要な時間を10秒として速度条件を設定している。ステアリング、ブレーキ、制御装置はバックアップ系統を持ち、フライトレコーダーのような操舵記録装置も搭載されている。

(6) BMW

　上海CESアジアでレベル5を想定した室内コンセプトモデル「BMW i インサイド・フューチャー」を発表、自動運転分野でNo.1となる戦略をたて、最優先事項は安全性と個人情報セキュリティとしている。

　量産車では「7シリーズ」に4個のカメラと12個の超音波センサーを搭載した自動操舵駐車機能（左右40cmの余裕幅と隣接車に対する進入角10°以上の条件付き）を装備、スマホでの遠隔操作（車幅1,920mmの1.5倍のスペースが必要）も可能である。その他手の動きで音楽等の車載システムを操作する「ジェスチャー・コントロール・システム」や、LEDと組み合わせたレーザービームヘッドランプなどの新技術を搭載している。

　いち早くIntel（当初は現在Intel傘下となったMobileyeも参画）、Continental、Delphiと自動運転開発連合を形成し、研究開発や2018年には80台の公道実験も行なっている。2020年高速道路自動運転、2021年にレベル3の自動運転のネット接続型EV「i NEXT」を生産予定で、2025年に完全自動運転を実用

化すると計画している。

(ｲ) 日産

日産安全支援システムは、2007年世界初の「車間距離維持支援システム」「車線逸脱防止支援システム」、2010年世界初「後方衝突防止支援システム」、2011年世界初「インテリジェント・アラウンド・ビュー・モニター」、2012年世界初「後退時衝突防止支援システム」、2013年「インテリジェント・エマージェンシー・ブレーキ」と続き、それらを組み合わせた全方位のセーフティ・シールド技術で構築されている。

自動運転技術を含む交通事故、渋滞ゼロを目指す知能化技術進化は、死角をアシストする「インテリジェント・アラウンド・ビュー・モニター」「インテリジェント・ルーム・ミラー」、駐車運転操作支援の「インテリジェント・パーキング・アシスト」と続き、衝突回避する「インテリジェント・エマージェンシー・ブレーキ」からレベル2自動運転「プロ・パイロット」へ引き継がれている。

市販車「セレナ」に搭載された「プロ・パイロット」は、前方単眼カメラにより前方車両との距離や白線を把握し、自車位置や車間距離を計測する。その情報を元にADAS ECUでECMスロットル制御、VDCブレーキ制御、EPSステアリング制御の各ユニットをコントロールするシステムで、10秒間ハンドルから手を離すと警告される。

「インテリジェンス・パーキング・アシスト」は開始を選択し、ディスプレイ画面で駐車枠を指定して起動スイッチを押すと、アクセルとブレーキを合図に合わせてドライバーが操作すればステアリングは自動操作される。

「プロ・パイロット」はMobileyeの画像認識処理で3次元認識し、AIにより車線中央走行し、前車追従や単独走行をするが、将来はレーダー、カメラ、LiDAR等複数のセンサーにより、自車位置や前方車速度等と周囲対象物の形状等の検知情報を統合して、市街地での交差点通過、路上駐車や物体の陰に隠

れた状態の歩行者も検知する等、見通しの悪い道路環境にも対応できる自動運転技術の実現を目指している。

交通事故ゼロを目指すには、事故原因の90%以上を締めるヒューマンエラーをカバーする必要がある。高速道路より10倍以上事故が起こりやすい、市街地での自動運転技術が実現できれば、事故の大幅な低減や高齢者等の移動手段として貢献できると考えている。

自動運転技術のロードマップは、
1) 2016年高速道路単一車線走行、渋滞を含めて完全停止から追従走行する「プロ・パイロット1.0」
2) 2018年高速道路複数車線で、運転者が介入しないで車線変更する「プロ・パイロット2.0」
3) 2020年交差点を含む市街地走行としている。

完全自動運転を実用化するために、横須賀に自動運転専用テストコースを建設中である。米国シリコンバレーでの研究やNASAの遠隔操作技術を活用するための共同開発、ルノーと共同でフランスのソフトウェアベンチャー企業シルフェオの買収でコネクティッドカーや車体制御ソフトの開発にも着手している。

(8) トヨタ

1990年から、交通事故死者ゼロへの貢献に向けて、自動運転技術の研究を行なっている。

2013年の実験車は、回転LiDARをルーフ上に装備し、全周を70m範囲で障害物との距離を計測、前方カメラ4個で信号や前方車両を認識し、前後6個左右2個のミリ波レーダーで歩行者や周囲の障害物を検出し、GPSで地図との位置ズレを補正するシステムで構成されていた。

2015年の実験車ではGPSシステム精度約10mであったのを、単眼カメラと高精度地図の情報を照合し約10cmの精度に高めた。8個のミリ波レーダーと6個の赤外線センサーを組み合わせ、日陰と日向での白線認識の閾値を変更し、周囲の障害物状況認識で目的地に応じたレーン選択を自動で行ない、合流や分流、車線維持や変更を自動化した。

　2020年までに高速道路での自動運転実用化に向けて、クルマを操る楽しさと自動運転の両立や、人とクルマが仲間の関係を築き、全ての人が安全に自由に移動出来る「Urban Teammate」技術を開発している。このコンセプトは、運転技術の知能化や車車間、路車間通信による連携など、人とクルマの協調で構成されている。

　2016年米国シリコンバレーに人工知能研究所TRI（Toyota Research Institute）設立した。TRIはレクサス「LS600hL」HVベースの自動運転車を開発、道路状況モニターにLiDAR、ミリ波レーダー、カメラを搭載し、ドライバーの運転習慣を学習する為に走行距離に比例して運転技術を習得する深層学習機能を採用している。開発中の自動運転技術のレベル4「Guardian」（ドライバーが運転している間も周囲をスキャンして危険が迫ると警告し、ドライバーが衝突を避ける操作をしないとシステムが衝突を回避する）やレベル5「Chauffeur」に適用している。

　TRIのプラットCEOは2017年のCESカンファレンスで、今後10年以内にレベル4の自動運転を、特定の場所で走行出来るようにする事はあり得るが、レベル5を実現させるクルマの自律性達成にはほど遠く、長年に渡る機械学習と路上テストが必要であると発言している。

　MITやスタンフォード大学と共同で、センサーからの情報をAIで解釈し、アクセル、ステアリング、ブレーキをコントロールする自動運転キー技術を研究しているし、NTTやKDDIとの提携で、第5世代超高速無線通信技術の開発にも力を入れている。

(9) ホンダ

　ホンダの先進安全運転支援システム「Honda SENSING」は 1990 年エアバッグ装備から始まった衝突安全の確保、歩行者保護ボディでの歩行者への加害軽減、衝突軽減ブレーキによる傷害軽減から安全を創出する自動運転システムへと繋がり、2020 年に高速道路での車線変更や渋滞追従する自動運転の実用化、2025 年にレベル 4 自動運転技術確立を目指している。

　「レジェンド」に搭載されている「Honda SENSING」は、フロントグリル内のミリ波レーダーで歩行者を含めた対象物の位置と速度を検出し、フロントウィンドの単眼カメラで歩行者や車線、道路標識を認識するセンサーで構成されている。世界初の歩行者事故低減ステアリング機能は、路側帯の歩行者や白線を検知し、歩行者側への逸脱で衝突が予測されると、音と表示警告に加えてステアリングが回避方向へ制御されドライバーの回避操作を促す。

　2015 年に前後のエンブレム裏に長距離ミリ波レーダー、バンパー四隅に中距離ミリ波レーダー、前後バンパー下部にレーザーレンジファインダー 6 個、ルームミラー部にステレオカメラと単眼カメラ、ルーフに GNSS（Global Navigation Satellite System）を搭載した自動運転実験車を公開した。障害物と自車走行位置を検知し、車載コンピューターで走行ルートを算出して車両制御する。この 2020 年実用化予定の自動運転技術搭載車で、インターチェンジの合流と分岐や速度調整、車線の維持や変更を行い、首都高速湾岸線の豊洲〜葛西区間（約 8km）をデモ走行した。

3. 運転システムの課題

(1) 実用化の守備範囲と課題

　自動運転のシステムは交通環境の状況変化や、個々のドライバーの能力や判断基準を何処まで考慮してシステムを構築するかが課題である。例えば一般路で、交差点の信号は日本では「青→黄→赤」と変化し、黄色は停止する準備を促す意味を持っているが、黄色信号を確認する自車位置と走行速度によって最適に停止する機能が求められる。レベル3以上ではシステムが安全運転に係る全ての監視や運転タスクを行なうので、完成車メーカーや交通社会全体が整合し標準化する方が望ましい。これには各社の技術基準をオープンに議論するなど、今までと異なる業界基準作りを自動車産業全体で行なう必要がある。

　現実ではであまり起こりえない正規分布の両端末事象、例えば豪雨等の急激な環境変化で冠水した道路への進入可否、停電や信号機故障時の進行判断等について、対処する予測範囲を何処までカバーできるかなどの議論も深めなければならない。

　人とクルマのコミュニケーションに関連しても、踏切通行安全目視確認の責任、自動運転から手動運転への受け渡しに必要な時間設定（AUDIは60km/h以下走行状況で10秒とし、BMWも5〜10秒を必要としている）など、個人の能力や状況によって一定でなく、多くの整合を必要としている。

(2) 自動運転車の事故責任

　自動運転車事故責任については、クルマ、ドライバー、交通インフラ等、今までより以上に複雑な要素が関連し、解析が容易でないケースも発生すると思われ、操作状況を記録するドライブレコーダーの搭載も必要になってくる。

2016年に発生したTESLA「Model S」の世界初自動運転車死亡事故は、今後の技術基準や現実の交通環境への適合性に関して問題を提起した。事故概要は自動運転車後方からの強い夕日が、左折するトレーラーの荷台側面に反射し、センサーで障害物として検出されず自動ブレーキが作動しなかったといわれている。

　クルマのシステム責任であるとすると、このような状況を想定していなかったソフトウェアシステム検証項目の不足か、センサーやシステムの誤判断や故障等の原因等があげられる。完成車メーカーとシステムメーカーの間でも、技術役割の責任が明確に規定されていたか課題である。

　レベル2では安全監視の主体はドライバーにあり、いつでも手動操作できる状態で対応しなければならないので、前方不注意義務違反の責任は免れない。

　トレーラー側の問題と考えると、左折操作タイミングや優先走行への対応が十分安全であったかなどの、左折時の状況が議論となる。自動運転に対する交通インフラの課題をあげると、高速道路で信号の無い交差点の交通ルール規定など、自動運転車との整合性を再検証する必要がある。

　いずれにしろ、TESLAのドライバーは自動運転車の機能を過信し、トレーラーのドライバーは対向車が自動運転で、ドライバーが脇見をしていると想定できない。インフラは自動運転車と手動運転車の混合交通を考慮してつくられていないので、今回の事故が発生してしまったと考えられる。

　米国では車両走行距離1億マイル当たり1名強の死者が発生しているといわれ、リスク分析学会の見解では自動運転を社会に認知させるには、事故の発生確率を1/4程度に低減させる必要があるとしている。

　ヒューマンエラーから起こる交通事故を低減する自動運転技術では、疲労やウッカリからくる様々なポカミスへの対処が求められる。更に、高齢者等にも使えるバリアフリーなシステム化や、間違いを起こさないユニバーサルデザインとする等、ドライバーを支援するシステムの構築が重要である。合わせて、

表3　各社自動運転センサーシステム

	市販車技術	開発技術
TESLA	「オートパイロット」ミリ波レーダー、超音波センサー12個、カメラ1個	「エンハンスト・オートパイロット」ミリ波レーダー、超音波センサー12個、カメラ8個
M.Benz	「ドライブ・パイロット」ミリ波レーダー、ステレオカメラ	「ドライブ・パイロット」に超音波センサー追加
BMW	カメラ4個、超音波センサー12個	
AUDI	レベル3自動運転「A8」LiDAR、長距離レーダー、中距離レーダー3個、カメラ6個、超音波センサー9個	
GM		長中距離レーダー、全周カメラ
FORD		3D-LiDAR2個、長中距離レーダー、カメラ1個
日産	「プロパイロット」単眼カメラ1個	レーダー、LiDAR、カメラ
トヨタ	「レクサスLS」ステレオカメラ、中距離ミリ波レーダー	LiDAR6個、レーダー8個、単眼カメラ4個
ホンダ		LiDAR6個、長中距離ミリ波レーダー6個、ステレオカメラ1個、単眼カメラ1個

　自動運転を計画している各社のセンサーやシステムは異なり、ドライバーの介入条件や方法が統一標準化されないので、操作ミスを発生させる可能性が考えられる。

　クルマのような道具（機械）には、種類により使用者の能力と機械の役割分担が違ってくる。自動車を運転するドライバーは訓練と試験により、適切に操作する知識を身につける必要がある。自動運転車はより簡単な技能で利用できるシステムとなるが、クルマの持つ危険性を十分に認識していないと重大事故を誘発しかねない。自動運転車の運転免許制度もAT限定免許のように、自動運転車時代に適応した制度の検討が行なわれるものと思われる。

　Googleは長年の自動運転車テスト走行実績から、ドライバーがハンドルに手を添えずに、よそ見やスマホを操作するケースが多発したことを受け、中途半端に人に頼るのは危険と判断し、コンセプト車ではハンドルやペダルの無い完全自動運転技術を提案している。レベル2自動運転車でも、ドライバーが目

視困難な悪天候や、発病による運転困難な状況で、自動運転機能により事故を回避できる場合もある。しかしながらUBERの自動運転車が、夜間自転車を押しながら飛び出してきた歩行者をはねて死亡させた事故では、ドライバーが下を向いて前方を見ていなく歩行者に気づかない状況であった。

自動運転技術の完成には、システム故障や天災のような異常事態であっても、事故を回避できる人と機械の相互支援システム構築が不可欠と思われる。

TESLAのイーロン・マスクCEOは、「Model S」の事故原因がTESLA設計にあれば責任を取るとしているが、年間120万人もの交通事故と比べて、オートパイロット機能の事故が強調され過ぎることで、人々が自動運転車に乗ることを止めてしまうと交通事故の低減に繋がらないと危惧している。

将来AIを搭載した自動運転車は、アイザック・アシモフ創作の2058年「ロボット工学ハンドブック」第56版「ロボット工学三原則」で提唱している行動倫理と重なってくる。自動運転技術は周囲に危害を加えてはならないし、ドライバー操作が優先権を持ち可能な限り自損事故も防ぐ技術とならなければならない。

(3) 自動運転技術へのアプローチ

自動運転技術への取り組みは始まったばかりで、最終目的は交通事故の低減であるが、完成車メーカーにより色々な角度から開発されている。大きく二つに分類すると、クルマを自律化しドライバーの負担を軽減する利便性と操作性の追求と、ドライバーのミスをカバーし事故を抑制する安全支援技術追求に分けられる。

企業により自動運転技術を、公共輸送やシェアリングビジネス等に積極的に取り入れようとし、人の移動の自由を拡大させる利用価値の向上を目指し、新たなビジネス展開を図ろうとしている。一方では自動運転技術による交通事故低減を目的とし、ドライバーの操作ミスをカバーする運転支援技術の延長線上に捉え、安全技術としてシステムの品質信頼性確保に万全を期して開発してい

ると考える。

4. 自動運転がもたらす自動車産業への影響

(1) 自動車産業の革新

　電動化や自動運転技術の開発は、エンジンがモーターに代わり完成車メーカーの核技術が一新され、エレクトロニクス技術によるシステム化で開発負荷も増大し、既存の自動車産業に大きな影響を与えている。
　エンジンの重厚長大な生産設備が重荷となり、モーターへの切り替えに苦慮し、規模の大きい企業ほど電動化へ迅速な対応が遅れがちである。自動運転はシステム化されたエレクトロニクス技術や通信技術等、これまでの自動車産業にはなじみの薄い分野の技術導入が必要となり、メカトロニクスで牽引してきた今日までの技術優位性が失われる時代を迎えることになった。

(2) 経営システムの変革

　企業規模に関係なく、時代ニーズにあったクルマの価値を構築し過去の販売システムに固執しない、新たな経営サイクルを作り上げる企業が、これからの自動車産業を牽引していくことになる。

　1）入門車から高級車へのモノの上昇志向から、ソフトサービス充足への転換
　2）成長するライフサイクルに合わせたクルマの選択から、迅速な機能ヴァージョンアップ
　3）目先のモデルチェンジによる買い替え促進から、利便性商品価値重視

4) バリエーションの差別化から、機能の差別化
5) 所有を優先したセールス戦略から、シェア（利用）への対応

時代の変化をどう捉えて対応するかは、いつの時代でも代わらない経営の基本であると考えられる。

(3) 新しい価値を創造する新興産業

自動車産業に限らず製品の技術革新は、既存の産業でなく異分野企業から創出されているケースがみられる。

2007年携帯電話にインターネット機能を組み合わせた「iPhone」は、機能とデザインを劇的に変化させた。従来の携帯電話からの構造変更は大きく設計や製造工程を一変させ、構成部品が変化し製造工程や産業構造にも大きな影響を与えた。

同じく「iRobot」も1990年に、マサチューセッツ工科大学で最先端の人工知能を研究していた科学者3人により設立された。理念は退屈、不衛生、危険な仕事から人々を開放するとし、人命救助、海洋調査、軍事作業、発掘調査用等のロボットを開発した。国家プロジェクトで培った人工知能を搭載した、自律型ロボット技術を家電に応用し、ロボット掃除機「ルンバ」を誕生させた。

Googleは大学の研究者を集めて2009年から、3つの州で延べ320万kmの自動運転公道走行を実施した。2014年軍事基地内でのシミュレーション実験を経て、2015年からはシリコンバレーで50台以上での公道実験を開始し、地域住民や社会環境との関係や、工事等の予測できない状況への対応を研究している。研究の目的は自動運転車の生産でなく、自動運転ソフトの開発と販売や、通信技術導入での人とクルマのインターフェイスがテーマとなっている。

TESLAは2003年にシリコンバレーの電気技師2人が、自動車を家電製品のように造れないかと考えて起業した。初代の「ロードスター」は徹底したアウトソーシングモジュール生産で、クルマは英国ロータス「エリーゼ」をベー

スとし、台湾製モーター、パナソニック製リチウムイオン電池等で構成され、TESLA はパッケージ＆デザイン、制御ソフト、組み立てを行なった。創業時に投資したイーロン・マスク氏が2008年CEOに就任し、トヨタとGMの合弁会社 NUMMI 工場を手に入れ、本格的な自動車生産体制を作り上げた。EV を本格的に普及させる為には、電池の大量生産とコスト低減が不可欠と判断し、パナソニックと共同で世界最大のリチウムイオン電池工場「giga Factory」をネバダ州に建設した。

　イーロン・マスクは学生時代から様々なベンチャービジネスを立ち上げ、TESLA の位置づけもエネルギーイノベーションの一環とした。太陽光発電事業や NASA とのスペースシャトルに代わる「Falcon 9」ロケット、宇宙船「Dragon spacecraft」を契約し、再利用回収宇宙ロケット製造事業を行なう「space X」を設立している。

　2017年トランプ政権下では経済諮問委員を努めていたが、6月のトランプ大統領のパリ協定離脱声明を受けて、エネルギーイノベーションを提唱する立場から委員会離脱を表明した。

　Google も TESLA も今まで自動車産業に属していない企業でありながら、100年以上続いた完成車メーカーに先んじて先進技術開発を行なった。既得権や利益構造に縛られた既存の自動車産業が忘れてしまった、自動車社会の未来を刷新する彼らの先見性を見過ごすことはできない。

5. 自動運転の実用化

　様々な自動運転技術が色々な社会環境や状況と組み合わされて、実用化の検討が行われている。今日まで高速道路や駐車場等の特定エリアでの自動運転が実用化されてきているし、今後は車車間通信技術を使った高速道路での長距離輸送トラック隊列走行などが実現されると思われる。公共交通機関の無い過疎地や離島等の地理的環境や、特設会場や限られたコミュニティ等の限定地域エ

図1　自動運転技術の導入予測

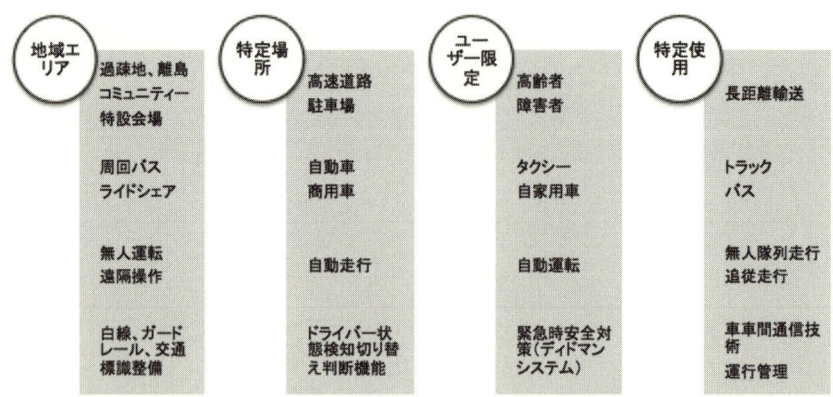

リアでも、自動運転技術が輸送手段として活用され、高齢者や障害者の病院等への移動手段としての利用も検討されている。

自動運転車による交通規制見直しと交通事故の減少、シェアビジネスによる車所有者費用負担の軽減や、最適移動手段の選択で交通渋滞の緩和等、社会構造にも変化をもたらすことが予想される。

(1) 自動運転ビジネスの試行と社会への影響

フランス Eazy Mile 社はスイス EPFL 大学内やフィンランドのヘルシンキ郊外、オランダのヴァーヘニンゲンで自動運転バスを運行している。

米国の自動運転車開発会社「nutonomy」はシンガポールで世界初の自動運転タクシーの実験サービス開始。PSA との共同実験では開発したソフトウェア、センサー、コンピューター・プラットフォームを搭載したプジョー車を、同じシンガポールで実験している。

フランスのナビヤ社とソフトバンクはショッピングセンターや空港、大学で定規ルート走行する自動運転バスを米国等 7 か国で運行中である。

Google の持ち株会社 Alphabet の自動運転開発会社 Waymo は FCA（フィア

ット・クライスラー）と自動運転開発提携し、自動運転車無料貸し出し試験プログラムで公道モニター走行を開始している。Lyft とは共同で配車サービスを行い、自動運転車をユーザーに提供するビジネスに役立てる計画を持っている。

　日本でも DeNA が無人タクシー、私道や私有地での無人シャトルタクシー、ラストワンマイル自動運転輸送等のビジネス取り組みを模索している。

　トヨタも自動運転やカーシェアリングサービスのプラットフォームで、ハードとソフトを組み合わせたモビリティーサービスとして「AutonoMass」を提唱している。完全自動運転でライドシェアや宅配、移動店舗などに利用出来る「e-Palette」コンセプトを発表し、アライアンスにアマゾン、UBER、滴適出行、ピザハット、マツダなどが参加し、2020 年代初めに米国での実証実験を計画している。

　国交省と全日本トラック協会の報告書によると、トラック輸送の原価構成で、ドライバー人件費が約 46％を締めていることから、長距離の隊列走行を行なえば、自動運転車両の価格上昇分を吸収でき採算性があると試算している。

　自動運転ビジネスの普及が進めば、自動車産業、交通機関、関連事業への影響で産業システムの変化が予測される。無人のバスやタクシー、トラック隊列輸送、双方向通信を利用したライドシェア、カーシェアの普及等、過酷な運転手負荷の低減や移動における利用者利便性向上を受けて、先進国での自動車に関連する産業の変化が起こり始めている。

(2) シェアリングビジネスの拡大

　先進国での若者の意識調査によると、今後は高度経済成長が望めないと考え、低収入でも幸せに生きる方法を選択する傾向にあるといわれている。無料コンテンツや中古品などのネットショッピング利用、飲酒や喫煙の減少、週末は家にこもって LINE コミュニケーションなど、自家用車を必要としない生活習慣が常態化してきている。彼らの生活の中では、利用機会の少ないクルマ購入に

数百万の投資をする事は選択肢から外されている。

　シェアリングビジネスは欧米先進国都市部や、アジア新興国地域で拡大の兆しがある。個人所有者のほとんどの自家用車稼働率は年間5％程度であり、クルマの財産価値も年間約20％下落する。先進国都市部では公共交通機関が充足し、移動時間も正確で便利であり、クルマ移動時の駐車スペース確保の煩わしさも無いので、自家用車の必要性が見いだしにくくなっている。先進国では営業規制や労働条件の厳しさからタクシーが減少し、ライドシェアビジネスに代替する傾向があり、新興国では自家用車購入費用の返済にあてるアルバイトとしての、ライドシェア・サイドビジネスが増加しているといわれている。

　米国UBERは2010年から、スマホアプリで一般登録ドライバーを呼び出し、目的地へ運んでもらうライドシェアサービスを開始、手軽さと安さで世界に展開され、トヨタやFCAとも業務提携をするまでになっている。

　GMは自動運転開発会社クルーズを買収し「BOLT EV」に自動運転技術を搭載、ライドシェア事業用として生産を計画している。ライドシェア大手Lyftに5億ドル出資し、無人タクシーの実験計画も進めている。ライドシェア配車アプリ企業Sidecarも買収し、アプリで借りたいクルマや配車場所を探して使用するサービス「Maven」を開始した。

　FORDも2011年カーシェア大手Zip Carと提携し、学生向けサービスを実施している。

　欧州ではローマ、ロンドン等の大都市中心部への乗り入れ制限や、駐車スペース不足から駐車禁止となり、更に渋滞税の導入などマイカー所有への厳しい状況が増えてきている。

　Mercedes Benzは欧米中で「Smart」の利用と合わせて、スマホで公共交通機関も網羅した最適移動手段経路案内の交通情報アプリ「Moovel」サービスを展開、顧客の移動データを収集して次世代のビジネスへの活用を計画している。

　BMWはスマホで空車を探し、IC内蔵チップで開錠して利用する事が出来る、乗り捨て自由なカーシェアリングサービス「Drive Now」を欧州で展開してい

る。

　VWはこうした状況で、今後は多くの人がクルマを所有しないと考え、仮想敵をライドシェアビジネスとして、ビジネスモデルの再構築を検討している。配車アプリ大手イスラエルのGettに出資し、ライドシェアサービスをベルリンで開始した。

　欧州各社はクルマ価値がハードからソフトに転換したと考え、このビジネスモデルを制することで、新しいモビリティの世界で首位に立つことをめざしている。

　日本では自家用車による有償運送は福祉目的に限定され、第二種運転免許も必要でありほとんど普及していないが、中国政府は一般車を使用した配車サービスを2011年合法化した。スマホ呼び出しライドシェア配車サービスを行なう最大手滴滴出行は、2014UBERの中国事業と合弁し、市場シェア90％を占める規模まで拡大した。

まとめ

　クルマの電動化と合わせて自動運転技術の導入は、100年以上続いた自動車産業の構造を革新させる大きな変化点になると考えられる。トヨタの豊田社長も「自動車産業100年の変革期」と捉え「M&Aも含めてあらゆる選択肢を考える」と発言しており、多くの企業が生き残りに向けて合従連衡等を含めた戦略再構築を模索している。

　130年近く続いたクルマの核技術であるエンジンがモーターに代わり、既存の完成車メーカーの優位性が失われていく状況である。3万点以上の部品点数で組み上げられたクルマは、家電と異なり一朝一夕に新興勢力の台頭は無いものと過信されていた。しかしながら、エレクトロニクスによるシステム化は、自動車産業構造を一変させる起点になる可能性を持っていると認識しなければならない。

これからの自動車産業の競争は、同業種内競争から異業種競争に変化していき、企業戦略を従来のビジネスモデルから早急に変化させる必要がある。

　＊本稿の執筆に当たり『早稲田大学自動車部品産業研究所紀要』第19号（2017年上半期）所収拙稿（30-50ページ）を利用した。なお、本稿の内容は筆者個人としての見解である。

［参考文献］
デンソーカーエレクトロニクス研究会著「図解カーエレクトロニクス上」システム編カーエレクトロニクス年表、2010年
2013年度特許庁「特許出願技術動向調査等報告」
国土交通省自動車局、社団法人全日本トラック協会「トラック運送事業の運送・原価に関する調査・調査報告書」2011年
平成28年経済産業書戦略分野の検討「安全に移動する」検討資料
TESLA、GM、FORD、Mercedes Benz、VW、AUDI、BMW、VOLVO、Google、日産、トヨタ、ホンダ、アイロボット、DeNA、UBER各社ホームページ及び広報資料
KDDI Research「運転支援から自動運転へ」2016年
アイザック・アシモフ著、福島正実訳『鋼鉄都市』早川書房、1979年

第3章
自動運転実用化に向けた OEM、自動車業界、産官学プロジェクトの取り組み

横山利夫

はじめに

1886年、カール・ベンツによりガソリン自動車が発明されたのち、1908年にT型フォードが生産を開始し自動車の本格普及が始まった。

T型フォードの生産においては、ベルトコンベヤーを活用した流れ作業方式が導入され短時間で効率の良い自動車生産が可能となった。

T型フォード誕生から100年以上経過した現在、全世界で年間8,000万台の乗用車、1,500万台のトラック・バスが生産され個人の移動や物流の手段として活躍している。

自動運転の技術開発は、1990年代から日本、米国、欧州で高速道路上の走行を対象として始まった。日本においては、1996年磁気ネイルを使用した自動走行および路車間通信、車車間通信の実験が AHS（Advanced Cruise-Assist Highway Systems）上信越道、小諸実験として実施されている。米国では、1997年磁気マーカーを用いた自動走行の実験が California 州 San Diego の高速道路で実施されている。欧州では、1994年赤外線マーカーとカメラを使用した連結走行の実験が CHAUFEUR プロジェクトとして実施されている[1]。

2000年代初頭には、周囲の車の流れに沿った走行を支援する ACC（Adaptive Cruise Control）システム、衝突の被害を軽減する CMBS（Collision Mitigation Brake System）といったクルマの縦方向の運転支援システムの実用化が始

図1 DARPAアーバンチャレンジに優勝したCMUの車両

り、同時にLKAS（Lane Keep Assist system）といったクルマの横方向の運転支援システムの実用化も始まった。20世紀の自動車が、ドライバーが車を運転する（車を制御する）という前提のもとで発展してきたのに対して、これらのシステムは、あくまでドライバーの運転を支援する役割ではあるものの、クルマとドライバーの関係を新たな段階に移行させたと考えることができる。一方、2004年及び2005年にはDARPA（Defense Advanced Research Projects Agency）主催による、California州郊外の砂漠を舞台とした制限時間内に約240Kmを無人で自動走行するグランドチャレンジが実施された。また、2007年には、California州の空軍基地跡に模擬市街地を設定し、交通法規を順守しながら有人運転車との混走状態で約100Kmを無人で自動走行するアーバンチャレンジが実施された。これらのチャレンジには、米国のMIT（Massachusetts Institute of Technology）、CMU（Carnegie Mellon University）、Stanford University等の大学が参加し、技術を競った。参加者の多くはRobotics研究者であり、Robotの自律走行に必要な自己位置同定、環境認識、行動計画等の技術を車の自動走行に応用し、自動運転の可能性を実証してみせた。DARPAチャレンジに参加した研究者が、その後Googleに移籍し、2012年のGoogle Self Driving Carの発表につながっていく。

図1に、DARPAアーバンチャレンジ（2007年）に優勝したCMUの車両を

示す。

このように自動運転の歴史を整理することにより、2000年代初頭に実用化が始まった安全運転支援システムの進化と、Roboticsの分野で研究されていた自律走行の技術が融合し、現在の自動運転の技術開発が推進されていると考えることができる。

1. 世の中の自動運転システムへの期待

警察庁およびITARDA（Institute for Traffic Accident Research and Data Analysis）の報告によると、日本における2016年の交通事故死者数は3,904人であり（24時間以内死者数）、人身事故件数は617,931件である。[2][3]

内閣府による調査報告書では、2009年の交通事故による経済損失試算結果では6.3兆円と報告されている。[4]経済産業省の情報経済革新戦略によると、交通渋滞による時間損失は年間32億時間におよび、9兆円の経済損失に相当すると報告されている。[5]同様に、アメリカにおける2012年の交通事故死者数は33,561人であり、人身事故件数は、1,664,800件である。4歳から34歳までの死亡原因の1位が交通事故によるものであり、交通渋滞による時間損失は年間37億時間、780億ドルの経済損失に相当すると報告されている。[6]

このような交通事故や交通渋滞に関する課題解決の手段として、高度運転支援システムや自動運転システムが期待されている。また、日本を筆頭に世界的な高齢社会が訪れてきている。2016年の日本の総人口は、約1億2,700万人で、10年連続で減少しており65歳以上の割合が26.7%となっている。特に地方在住の高齢者に対して、移動の自由をどう確保していくのか、いわゆるMobility Poor解決の手段としても自動運転システムを活用したMobility as a Serviceへの期待が高まってきている。

日本におけるインターネットを通じた商品やサービスの購入が急速に増加している。ネットショッピングを利用した世帯の割合は、2015年で27パーセン

トであり、2002年時に比べて5.2倍と急増している。ネットショッピングの増加が輸送物の小口化、多頻度化の主な原因と考えられるが、その一方で輸送従事者の高齢化、若手従事者の減少が社会問題化しており、物流の高効率化／無人化のニーズも急速に高まってきている。

2. 先進安全運転支援システムの現状

本田技研工業（株）は、クルマやバイクに乗っている人だけではなく、道を使うだれもが安全でいられる「事故に遭わない社会」をつくりたいとの考え方のもと、衝突安全領域としてエアバッグ等の技術を実用化してきた。また、予防安全領域として様々な認知支援のシステムや事故回避のシステムの実用化を実施してきている。前述のACC、CMBS、LKASをより進化させ、様々な新機能を搭載した先進安全運転支援システム"Honda Sensing"を2014年に発表した。

この内容を例にとって、現在の高度運転支援システムの現状について説明する。

Honda Sensingは、ミリ波レーダーやカメラ等の車載センサーによる走路環境認識情報を基に運転支援や事故回避をサポートする先進安全運転支援システムである。

前方安全については、回避安全として

- ・新たに歩行者検知機能を備えたCMBS
- ・誤発進抑制機能
- ・路外逸脱抑制機能
- ・歩行者事故軽減ステアリング
  未然防止機能として
- ・新たに渋滞時追従機能を備えたACC

- LKAS
- 先行車発進お知らせ機能
- 標識認識機能

を備えている。
また、側方安全については、

- ブラインドスポットインフォメーション
- レーンウォッチ
  後方安全については、
- マルチビューカメラシステム
- リアワイドカメラ
- パーキングアシスト
- 後退出庫サポート

を備えている。
　前方安全の各システムの基盤である走路環境認識は、77GHz電子スキャンミリ波レーダーと単眼カラーカメラのSensor Fusionで構成されている。複雑なシーンに対応するために、カメラで対象物体の属性、大きさを認識し、高速走行時に対応可能なミリ波レーダーで対象物体の位置、速度を認識している[9]。
　従来のシステムに比べ、レーダーの検知範囲の拡大、カメラの解像度をハイビジョン並みに引き上げ計算処理能力を高めることにより、認識性能を従来比のおよそ4倍に高めている。なお、前方安全・側方安全・後方安全技術を含んだ"Honda Sensing"システムは、現行Odyssey、現行Legendから適用を開始しており、今後軽自動車を含むすべての新型車に搭載予定である。
　先進安全運転支援システムは、ユーザーの安全意識の高まりにも支えられ自動車メーカー各社から続々と実用化されている。日本の自動車アセスメント（Japan New Car Assessment Program）が独立行政法人 自動車事故対策機構に

て実施されているが、従来の衝突安全に関する性能評価に加え、衝突被害軽減制動性能試験（対車両）や、車線逸脱警報性能試験も始まっており、その結果が公表されている。

3. ホンダの自動運転 Vision

　ホンダは、モビリティー社会の将来ニーズを大都市部（メガシティー）、郊外・地方都市、過疎地域に大別して整理している。大都市部においては、現状人口増大による交通渋滞の悪化や駐車場不足が深刻な課題である一方、公共交通機関の更なる発展が期待できる。このような環境においては、新たな近距離移動サービスとして無人ライドシェア、無人タクシー等が実用化される可能性があると考えている。郊外・地方都市においては、大型商業施設が分散して存在し、公共交通機関も十分に整備されていないため、日々の通勤、通学、通院、買い物、休日の旅行等パーソナルカーを中心とした Door to Door の移動が引き続き主流になると考えている。過疎地域においては、超高齢化、人口減少に歯止めがかからず、公共交通機関の廃止も伴って移動困難者の課題がより深刻になると考えている。これらの課題を解決するための地方自治体と連携した形での低速簡易型の無人巡回バスや無人タクシーの実用化が必要と考えている。いずれの地域でも自動運転システムの実用化を前提としており自動運転技術を搭載したモビリティーの革新が求められているといえる。

　自動運転は移動の手段であり、自動運転システムを実用化することにより、クルマ社会の課題解決として"事故に遭わない社会の実現（ヒューマンエラーゼロ）"、社会課題への貢献として"誰もがいつまでも自由に移動できるモビリティの提供"、新たなクルマの魅力として"移動が楽しくなる自由な時間と空間の創出"を実現していきたいと考えている。

4. 自動運転の定義

　自動運転システムの自動化レベルの定義がいくつかの研究機関から提案されている。NHTSA（US National Highway Traffic Safety Administration）やBASt（Germany Federal Highway Research Institute）の定義、NHTSAの自動化レベル定義を細分化したSAE（US Society of Automotive Engineers）の定義である[8]。SAEの自動化レベルの定義（J3016）は2016年の9月に内容の見直しが行われ、現在では米国、欧州、および日本において参照されており、表1でその概要を紹介する。SAEの定義は、各レベルについて、その名称、定義、運転主体、周辺監視、運転のバックアップ、システム作動域について記述されている。レベル0からレベル2までは、ドライバーが走路環境をモニターするとされている。

　レベル0は自動化されていない状態をさしており、レベル1は運転支援であり、「運転環境情報を用い操舵、または加減速のうち1つの運転支援を実行する。」と定義されている。レベル2は、部分的な自動化であり、「運転環境情報

表1　自動運転の自動化レベルの定義（SAE　International）

レベル	概要	安全運転にかかわる走路環境監視、運転主体
運転者が全てあるいは一部の運転タスクを実施		
SAE レベル0 運転自動化なし	・運転者が全ての運転タスクを実施	運転者
SAE レベル1 運転支援	・システムが前後・左右のいずれかの車両制御にかかわる運転タスクのサブタスクを実施	運転者
SAE レベル2 部分運転自動化	・システムが前後・左右の両方の車両制御にかかわる運転タスクのサブタスクを実施	運転者
自動運転システムが全ての運転タスクを実施		
SAE レベル3 条件付き運転自動化	・システムが全ての運転タスクを実施（限定領域内※） ・作動継続が困難な場合、運転者はシステムの介入要求等に対して、適切に応答することが期待される	システム （作動継続が困難な場合は運転者）
SAE レベル4 高度運転自動化	・システムが全ての運転タスクを実施（限定領域内※） ・作動継続が困難な場合、利用者が応答することは期待されない	システム
SAE レベル5 完全運転自動化	・システムが全ての運転タスクを実施（限定領域内ではない※） ・作動継続が困難な場合、利用者が応答することは期待されない	システム

SAE: Society of Automotive Engineers　　※ここでの「領域」は、必ずしも地理的な領域に限らず、環境、交通状況、速度、時間的な条件等を含む

官民ITS構想・ロードマップ2017（内閣官房IT総合戦略室）より抜粋

を用い操舵、加減速等の複数の運転支援を実行する。」と定義されている。

　レベル3からレベル5は、自動運転システムが走路環境をモニターするとされている。レベル3は条件付き自動化であり、「限定領域内で自動運転システムが、全ての運転作業を実行するが、システムからの介入要求時には、運転者による適切な対応が期待される」と定義されている。レベル4は、高度な自動化であり「限定領域内で自動運転システムが全ての運転作業を実行し、作動継続が困難な場合、利用者が応答することは期待されていない」と定義されている。レベル5は、完全自動化であり、「人間の運転者が運転可能なあらゆる走路環境下で、自動運転システムが、全ての運転作業を実行する」と定義されている。

5. 自動運転技術の現状

　ホンダは、2013年のITS世界会議で専用駐車場における協調型自動運転と自動バレーパーキングの一般公開をはじめとして、同年の11月にはトヨタ、日産、ホンダ3社による国会議事堂前の一般道における安倍首相試乗のもとデモ走行を実施した。

　2014年のITS世界会議デトロイトでは、デトロイトのコボセンター周辺の高速道路における公道デモ走行を、2015年にはSIP（戦略的イノベーション創造プログラム）国際会議と連携した首都高速でのデモ走行を実施してきた。2016年にはG7伊勢志摩サミットおよび軽井沢交通大臣サミットで自動運転試乗車の提供を行っている。

　図2で、自動運転システムを実現するための主要技術項目例を示す。

図2 自動運転システムを実現するための主要技術項目例

(1) 自車位置認識技術

自車位置認識技術（Localization）に関しては、従来からナビゲーションシステム用の自車位置認識の技術が実用化されてきたが、自動運転を実現するためにはより高精度な自車位置認識が必要となる[10]。この自車位置認識技術は、出発地点から目的地までのルートを生成した際に、予定ルート上のどの地点に現在車が位置しているかを認識するマクロ的な自車位置認識と、複数の車線を有している道路を走行する際のレーン認識や、交差点内での直線レーンか右左折用のレーンかを認識する等のミクロ的な自車位置認識技術が必要となる。

ⅰ）Global Navigation Satellite System（GNSS）

GNSS方式は、人工衛星からの情報を利用した測位システムである。GPS（米国）、GLONASS（ロシア）、ガリレオ（欧州）等の人工衛星が利用可能であり、日本では、QZSS（準天頂衛星システム）が実用化に向けて準備中である。GNSS方式は、比較的広域で測位可能である一方、地下、トンネルなどでは使

用出来ない。受信可能な衛星数や衛星の高度の影響も受けるが、RTK（Real Time Kinematic）-GPS、Differential GPS 等の補正情報を用いて測位精度向上を計る手法が検討されている。その一方で、高層ビルの谷間では、ビル壁の反射波によるマルチパスの影響を受け測位誤差が大きくなるという課題もある。

ⅱ）慣性航法

　地下やトンネルなど GNSS が使用できない環境での測位を補完する手法が慣性航法であり、ジャイロ、加速度計、車輪速センサーを用いて自車の相対的な移動距離を推測する技術である。この手法は移動距離を積分によって求める為、時間経過と共に誤差が集積し測位精度が低下する。一定周期で絶対位置の分かる手法で積算した移動誤差をリセットする必要がある。

ⅲ）Simultaneous Localization and Mapping（SLAM）

　SLAM 方式は、周囲の環境特徴から自車位置を推定する技術であり、レーザーレーダーを利用した方式やステレオカメラを利用した方式がある。GNSS が使用できない環境でも使用が可能であり、比較的高精度な測位および向きの測定が可能である。ただし海上など周囲に位置を特定できる物標が無い場所では使用できない。また、位置の特定には事前に特徴量を記録した 3D 地図情報が必要である。これらの 3D 地図情報は自車のセンサーで取得することが望ましいが、全ての道路の物標情報を作成することは不可能であり、民間または官民連携による High Definition Map（物標情報含む）の作成および更新が必要となる。

　使用するセンサーや取り付け場所によっても、必要な情報が異なる可能性があり、必要な物標情報を付与した形での HD Map の使用が必要となる。

(2) 外界認識技術

　外界認識技術は、高度運転支援システムで既に実用化されている様々な検出

原理を用いたセンサー類を複合的に活用することにより、自車の周囲360度を必要な距離まで認識する技術である。高速道路上での外界認識を例にとると、前方については、前方走行車両、道路の白線認識、障害物（駐車車両や落下物等）、工事区間等の認識である。

後側方の認識については、並走する自動車や2輪車の存在の有無や、後方からの接近の有無を認識する必要がある。後方の認識については、後方車との車間距離が適切かどうかの認識が必要となる。一般道の場合は、自転車や歩行者の存在や、標識、交差点の信号状態の認識等、高速道路上の外界認識とは比べものにならないくらい複雑な走路環境の認識が必要となる。

現在外界認識技術は、大きく分けて2つの形式が存在する。①撮像素子を用い、単眼や複眼のカメラによる検知方式と画像処理技術を組み合わせた対象物認識技術、②ミリ波やレーザーを用いて対象物を測距するレーダー検知方式と物標同定技術を組み合わせた対象物認識技術である。これらのセンサーは、検知方式の原理的な違いにより、検知性能に差があることが知られている。撮像素子では対象物の分離性能や属性判別などの認識に優れ、十分な照度や見通しの良さが得られる場合は、非常に高い性能を発揮する。しかしパッシブセンサーのため外部環境の影響を受けやすく、環境条件の悪化（照度の低下、霧、雨、逆光等）に伴い画像解析に必要なコントラストや色情報などが欠落し認識性能も低下する。また、素子の解像度や感度はレンズ特性の影響も受け、特に遠方の情報などが取得しづらい。一方、レーダー方式を用いた外界認識技術は、ミリ波とレーザー方式が主流であり、すでに多くの運転支援システムに採用されている。ミリ波レーダー方式は遠距離精度や環境変化（夜間、雨、霧、逆光等）に強いとされるが、物体の分離性能はレーザーレーダーのほうが優れている。しかし、レーザーは環境条件（雨、霧、太陽光等）の影響を受けやすく、遠距離の対象物には十分な性能を発揮できない場合がある。このような各センサーの特徴を良く理解したうえで、「耐環境性能」「検知距離性能」「属性判別性能」「分離性能」と様々な検知対象を考慮したSensor Fusion技術で自動走行用の外界認識を実現する必要がある。同時に現在のSensor Fusion技術によ

る外界認識では、走行条件によっては認識性能に限界があるため、性能限界を確実に検知し行動計画に反映させる必要がある。

(3) 行動計画

これらの自車位置認識結果および外界認識結果を基に自動走行の行動計画を策定することになる。自車の位置や向き速度と、他車の位置や向き速度およびその他の走路環境上の状態（障害物の有無等）を総合的に認知・判断して平常軌道の生成や、緊急回避軌道の生成等の行動計画を策定する。

ⅰ）行動計画の役割

人の運転行動は、「認知」「判断」「操作」のプロセスで実現されている。運転支援技術は、「認知」と「操作」に対して、ドライバーの見落としや操作ミスが引き起こすリスクを低減し、安全性を向上させるものとして急速に普及してきた。しかし、運転支援機能を使用中であっても、「判断」に関わる部分は、ドライバーが責任を持って運転操作する必要がある。

一方、自動運転技術は、安全な状態を維持しながら、目的地に到達するという要求が課せられる。常にリスクから遠ざかるような行動だけでは目的地に到達することができないため、自ら一定のリスクを覚悟した行動を起こすことが必要となる。具体的には、目的地に向かうための車線変更動作が一定のリスク以下（十分に安全）であると判断することで、はじめてその車線変更動作を実行に移すことが可能となる。このように、これまで運転手に任されていた「判断」を自動化したものが行動計画である。

ⅱ）行動計画への入出力

行動計画という技術領域は、明確な定義が存在していない。行動計画の入出力は、いずれも演算装置の内部状態に過ぎず、物理的な現実世界に直接関わらない。設計自由度が高いため、最も独自性が表れる領域であり、自動運転技術

図3 自動運転の演算プロセス

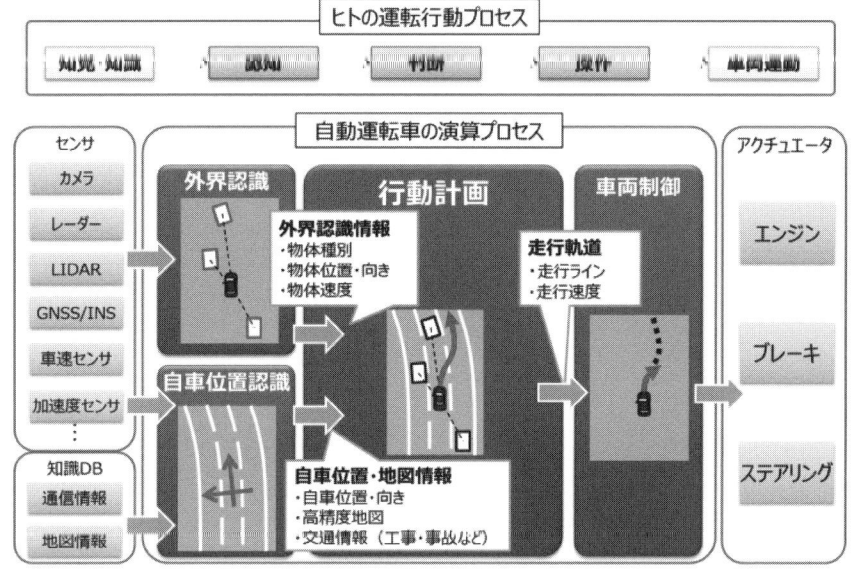

の競争領域の一つとされている。

　一般的な行動計画は、センサデバイスによる外界認識情報、地図や交通ルールなどの知識情報を入力として、コンピュータ上に仮想的な環境モデルを構築する。この環境モデルにおいて将来に渡る望ましい行動を計画し、車両の走行ラインと速度の時系列軌道を出力する。これが車両制御部に渡され、各アクチュエータに対する指令値に変換されることで、車両の運動制御を行う（図3）。

ⅲ）行動計画の階層性

　広義の行動計画では、表2のような階層性が考えられる。
・「手順生成」は、最も時定数が大きく、ゴールに到達するまでに辿るべきルートを計画する。すでに市販されているカーナビ機能に相当する。
・「行動選択」は、ルートに沿った走行を実現するために、今何をすべきかを決定する。前走車の追い越しなどの能動的な行動の実行可否判断もここで行われる。この部分は運転支援には含まれておらず、自動運転技術に特有なもので

表2　行動計画の階層性

機能	一般的な出力	自動運転の出力
手順生成	ゴールへの 到達手順	道路地図上のルート 推奨車線
行動選択	シンボリック行動 (言語表現可能)	車線維持/車線変更、 追従/追越しなど
目標軌道生成	作業空間軌道 (時系列数値)	走行ライン・速度の 時系列軌道
運動制御	アクチュエータ への指令値	エンジントルク ブレーキ圧 ステアリング角

ある。
・「目標軌道生成」は、決定された行動を、どういう挙動で実現するかを決定する。ACCやLKASでは、縦横それぞれ独立であるが、自動運転では、縦横を協調させた障害物回避などが求められる。
・「運動制御」は、この中で最も時定数が小さく、車両の目標軌道に追従するために、各アクチュエータへの指令値を出力する。運転支援機能では、AEB（Autonomous Emergency Brake）、ABS（Anti-lock Brake System）、VSA（Vehicle Stability Control）などがこれに相当する。これらの運転支援機能は、緊急時のみ発動する支援機能であるため、自動運転では、それらが必要となる緊急状態に至らないように行動を計画するべきである。

iv）ロボティクス技術の応用

表2に挙げた機能は、古くからロボティクスの分野で研究されてきた内容であり、ロボティクス技術を自動運転車に応用することが期待されている。実際にDARPAグランドチャレンジ・アーバンチャレンジでは、大学のロボティクス研究チームが好成績を残している。また、自動運転技術を開発している各企業も、続々とロボティクス研究機関との提携を表明しており、競争が激化している。[11]～[14]

Hondaでも、人間型二足歩行ロボットASIMOに代表されるロボティクス研究で培ってきた技術を応用して、自動運転車の実現を目指している。その一

例として、歩行中のロボットが外乱を受けても素早い動きで安定化して、目的地に到達する機能は、車両挙動の安定化と目的地への到達を両立させる機能として、自動車にも応用可能と考えている。[17]

(4) 車両制御システム

　車両制御システムは、生成された予定軌道上を予定された速度で通過するために、走る、曲がる、止まる、の車両統合制御を、従来の機械的な連結から電気的な連結に変更したX by Wireシステムを用いて実行する。

　また、車両制御システムの設計にあたっては、実用上十分な信頼性を確保するためのシステム設計や電子制御システムとしての十分な機能安全性設計が必要となる。従来の安全運転支援システムでは、ドライバーがDriving Taskを主体的に実行する前提で設計されているため、システム故障時のSafe Actionのみ考慮されていたが、自動運転システムにおいては、システムの性能限界をこえた場合（システムの故障ではない）の危険を回避する際の安全分析や、システムが故障した場合でも一定時間安全に動作を継続させるメカニズムの検討が必要となる。図3で示した通り、ホンダの高速道路自動運転用システムでは、センサー系2系統（カメラ＋ミリ波センサー＋ECUおよびカメラ＋レーザーレーダー＋ECU）、電源系2系統、車両制御系2系統となっており、機能限界時やシステム故障時においても一定時間内はFail Operationalな構成となっている。

　セキュリティー対策についても、車載システムに対する、たとえば故障診断用カプラーからの不正アクセスに対するセキュリティーに加え、車と車や、車と路側インフラを無線通信を用いて情報交換を行うV2Xシステムを活用し外部のデータベースから自動走行に必要となる様々な情報を入手する必要があるため、無線通信使用時のセキュリティー対策も必要となってくる。

図4 高速道路自動運転検討例（オートパイロット検討会資料より抜粋）

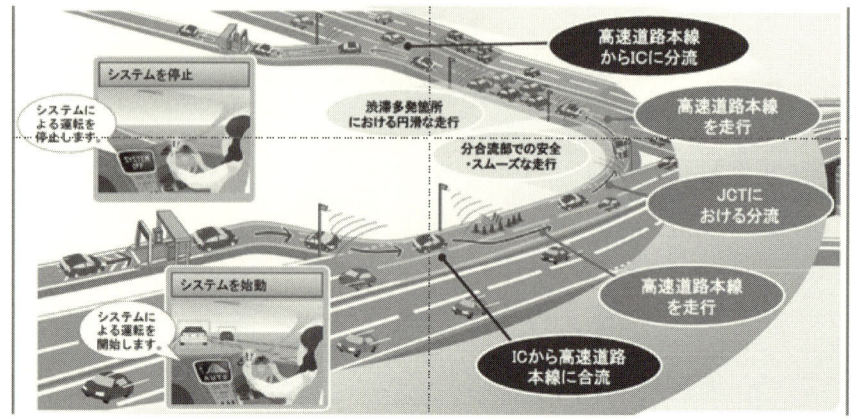

(5) Human Machine Interface

　自動化レベルの3および4のシステムにおいては、ドライバーとシステムの間で確実な Driving Task の受け渡しが必要なため、HMI（Human machine Interface）機能が大変重要となる。まずは、高速道路上の自動化レベル3相当の自動運転システムの実用化が想定されており[(16)～(18)]（図4）、下記に、HMI の基本的な考え方を紹介する。

1）自動運転の開始
　自動運転を開始するときはドライバーの自動運転開始の意思を自動運転システムに伝えることで開始されなければならない。
2）自動運転システム状態の表示
　自動運転システムはそのシステム状態（自動運転中、手動運転中など）をドライバーへ表示しなければならない。
3）ドライバーによる自動運転への介入（オーバーライド）
　いつでもドライバーは自動運転に介入し、自動運転を中止させ、自動車運転

の権限を取り戻すことができる。
4) 自動運転の終了
　自動運転を終了するときはドライバーの「自動運転終了」の意思を自動運転システムに伝えることで終了されなければならない。
5) 運転権限のドライバーへの移譲
　自動運転システムの性能限界や自動運転システム異常時のために自動運転を継続することができなくなったときは、安全に運転権限をドライバーへ移譲しなければならない。
6) 下位運転支援レベルへの移行
　自動運転システムの性能限界のために運転支援レベルを下位（たとえば自動化レベル3→2）へ移行する状況が想定されるときは、ドライバー自身が了解してから、システムは運転支援レベルを下位へ移行させる必要がある。
7) 上位運転支援レベルへの移行
　自動運転システムが性能限界から復帰し運転支援レベルを上位へ移行するときは、ドライバーが上位への移行の意思を自動運転システムに伝えることで移行されなければならない。
8) 他の道路利用者への表示
　自動運転中は、他の道路利用者がその車両が自動運転中であることがわかるように視覚的な表示によって自動運転中であることを示す必要がある。

　以上、HMIに関する基本設計例を説明したが、システムからドライバーにDriving Taskを委譲する時間の設定や、ドライバーに安全にDriving Taskを委譲できなかった場合の、クルマを安全に停止させる手順や、停止場所の確保等が必要となる。また、これらのHMIを実用化するにあたっては、十分な被験者テストによる検証が必要であり、かつ地域や自動車会社によって別々に設計することはユーザーの混乱を招くため、国際的な基準作りとそれに沿った各国法規の整備が必要となってくる。

(6) 自動運転技術の高度化

　将来の自動運転は自律型から協調型に進化し、コミュニケーションと知能化技術を組み合わせたシステムになっていく。例えば、自律型のセンシング技術では対応が難しい見通しの悪い場所で、行き交うクルマ同士が歩行者の位置などについて教え合うことが可能になる。また、ドライバーの知能とクルマの知能が助け合うことで、より安全な運転を実現できるようにもなるだろう。将来に向けた研究領域としてはパーソナライゼーションがある。現状では、走行モードの選択やシート、ミラーの位置などが個人に合わせられるようになっている。将来は、ドライバーとクルマの双方の知能が助け合うことで、クルマがドライバーの好みを学習し、ドライバーの行動に適応した制御に近づけていけるようになる。自動運転中も、ドライバーの普段の運転をコピーすることを可能にする。また、学習も重要な研究領域となる。今後は、一般道のより複雑な環境のシナリオを学習する必要が増していく。学習には幾つか種類があり、一つはドライバーが教師となる学習で、クルマはドライバーの運転行動を手本に賢い運転を学ぶ。もう一つは教師なしの学習で、自ら学んで賢くなる。さらに、他のクルマから学ぶことも考えられる。ドライバーの運転や自らの学習によって得た経験を通信を使って交換するようなことも、将来的には想定される。

(7) 自動運転技術に関する協調領域の取り組み

　自動運転技術の実用化に向けては個社の取り組みでは対応できない協調領域が存在する。内閣府が主導する戦略的イノベーション創造プログラム（SIP）のテーマとして自動走行システムの研究・開発が推進されている。システム実用化、次世代都市交通、国際連携の3つのワーキンググループが中心となり自動走行システムの実用化に取り組んでいる。
　SIPで協調する技術領域の具体例としてはダイナミックマップの構築が挙げ

られる。専用の測量車両で作成した高精度地図の上に、高精度地図とひも付ける建築物や交通状況などの情報を積み上げていく自動運転用のデータベースである。高精度地図および静的、準動的、動的な交通関連情報の整備およびその活用は、自動運転のレベルを上げていく上で大変重要であり、各社が個別に取り組める分野ではないので、官民が連携して推進している。

　SIPが取り組む協調領域のテーマとしては、HMI（Human Machine Interface）も重要である。各OEMごとにインタフェースが異なるとユーザーの混乱を招いてしまうため、協調して仕様を検討する必要がある。レベル3の自動運転中には、突発的な出来事に安全かつ適切に運転の権限を切り替える必要がある。また、自動運転車とドライバーが運転する車両や、自転車、歩行者が混在する交通環境下では、相互のコミュニケーションも必要となってくる。

　自動運転用の車車間／路車間（V2X：Vehicle to X）通信も協調領域のテーマであり、車に搭載されたセンサーでは得られない500m、1km先のリアルタイムな情報を収集できるようになると、より高度な自動運転の実現が可能となる。また、サイバーセキュリティー対策に関しても協調技術領域として、検討が行われている。

(8) 現在の国際道路交通協約

　1949年にジュネーブ道路交通条約が締結された。日本、米国、イギリス等の国が加盟しており

第8条1項には
・運行される車両には運転手がいなければならない。
第8条5項には
・運転者は、常に車両を適正に操縦しなければならない。
第10条には
・車両の運転者は、常に車両の速度を制御し、適切かつ慎重な方法で運転しな

ければいけない。

と定められている。

　また、1968年には、ウイーン道路交通条約が締結され、ドイツや欧州諸国等が加盟している。(日、米、イギリスは非加盟)
第8条1項には
・あらゆる走行中の車両には、運転手がいなければならない。
第8条5項には
・運転者は、常に車両を制御しなければならない。
第13条1項には
・車両のあらゆる運転者は、いかなる状況においても、当然かつ適切な注意をして、運転者に必要であるすべての操作を実行する立場にいつもいることができるよう車両を制御下におかなければならない。
第13条5項には
・運転者は、先行車両が突然減速あるいは停止したとしても衝突を避けることができるよう、前方車両と十分な車間距離を保たなければならない。

と定められている。
　また、ウイーン道路交通条約は、2014年に改訂され第8条5項へ下記の記述が追加された。

(a) 車両の運転方法に影響する車両システムは、その構造、装着及び使用の条件が、その車両に装着または使用される可能性のある車両、装置、部品に関する国際法に準拠している場合は、本項及び第13条第1項に適合しているものとみなす。
(b) 車両の運転方法に影響する車両システムであって、構造、装着及び使用の条件が、前述の国際法に準拠していないものは、そのシステムに対し運転者が操作介入またはスイッチオフできる場合は、本項及び第13条1項に適合して

いるものとみなす。

　この改訂は、2016年に施行された一方で、同様の改訂を目指したジュネーブ道路交通条約は、改訂のために2/3以上の賛成が必要であり現在においても改訂がなされていない(7)。これらの条文にあるように、現在の国際道路交通協約では、基本的には自動車は運転者の制御下であることが必要条件となっている。2014年の改訂内容に関しても、どのような高度運転支援システムおよび自動運転システムまで包含しているのか、今後の具体的な議論の中で明らかになると考えられる。また、日本の現在の道路交通法では、「車両等の運転者は、当該車両等のハンドル、ブレーキその他の装置を確実に操作し、かつ道路、交通及び当該車両等の状況に応じ、他人に危害を及ぼさないような速度と方法で運転しなければならない」とされている。

　上述の国際道路交通協約の内容とSAEの自動運転レベルの定義を照らし合わせてみると、レベル2の自動運転までは、現在の協約範囲内であることが分かる。その一方で、レベル3の自動運転に関しては現在の協約範囲内かどうかの検討が必要であり、レベル4以降に関しては、明らかに現在の協約の範囲外の内容であり、新たな協約を検討する必要があると考えられる。このような状況下において、世界に先駆けウイーン道路交通条約に加盟しているドイツにおいては、ドイツ国内の道路交通法が改正されレベル3の自動運転までは実用化が可能な見通しとなっている。

(9) 現在の自動運転に関する国際基準調和の活動状況

　2020年前後には、日、米、欧の自動車メーカーから自動運転レベル2および3のシステムが実用化される予定であり、これらのシステムとドライバーの役割分担、責任区分に関して、具体的なユースケースに基づいた速やかな検討が必要となる。

　このような状況のもとで、国際的な道路運送車両法を審議、策定する自動車

基準調和世界フォーラム（WP29）の下に設置された「自動運転分科会」（日本および英国の共同議長）において、この分科会での具体的な検討項目の策定およびWP29の専門分科会であるGRRF（ブレーキと走行装置を担当）へのガイダンスが2015年3月に作成された。

WP29は、安全で環境性能の高い自動車を容易に普及させる観点から、自動車の安全・環境基準を国際的に調和することや、政府による自動車の認証の国際的な相互承認を推進することを目的とし、国連欧州経済委員会（UN/ECE）の基に設置され分科会で、技術的、専門的な検討を行い、基準案の審議、採決を行っている。

WP29には、欧州各国および日本、米国、カナダ等の政府機関や、国際自動車工業会（OICA）、国際2輪自動車工業会（IMMA）、国際標準化機構（ISO）、欧州自動車部品工業会（CLEPA）、アメリカ自動車技術会（SAE）が参加している。

現在、「自動運転分科会」において、自動運転の定義、WP1で担当する道路交通法との整合性検討、自動運転技術の国際基準策定に必要な検討項目の明確化、セキュリティガイドラインの策定等が推進されている。また、前述のガイダンスに沿った形で、GRRFの下に「自動操舵専門家会議」（日本とドイツの共同議長）が2015年4月に設置された。この自動操舵専門家会議では、現在UN Regulation No.79で規定されている。

ACSF（Automatically Commanded Steering Function）の作動範囲：時速10km/h以下についての見直しを推進している。見直しに当たっては、手放し有り／無しのACCや、自動レーンチェンジ等のカテゴリーを設定し、これらのシステムの安全性確保のための基準化項目であるドライバーモニタリング、ドライバーによるシステムに対するオーバーライド、システムからドライバーへの運転行動の受け渡し（ハンドオーバー）、データ記録、故障診断等について検討が行われている。

(10) まとめ

　自動運転システムの実現にあたっては、技術的な課題もさることながら、それ以外にも様々な課題が存在している。自動運転実現に向けた技術的な課題の解決に関しては、各社の競争領域として自車位置認識、外界認識、行動計画、車両制御等が考えられる。その一方で、これらの課題を解決するためのインフラとしてDynamic Mapの整備が重要となるが、個社の取り組みでは限界があり協調領域として自動車業界のみならず通信業界や関係省庁も含めた対応が必要である。同様に協調領域としてV2XやHMI、Security、機能実証実験のための場所の準備等の取り組みも必要となる。

　法的な課題に対する取り組みとしては、現行の国際道路協約と自動運転システムの整合および国内の道路交通法の整備、特に自動運転レベルに対応したドライバーとシステムとの役割分担、責任区分の明確化が必要となる。各自動運転レベルに応じた適切な安全・安心機能を実現するための国際基準調和活動による安全基準や具体的な要件の整備や国内の道路運送車両法の整備、社会受容性に関する課題の取り組みとしては、広く普及させるためには欧米と協調した国際標準化活動や、社会やユーザーへの正確な自動運転に関する情報の提供、交通事故被害者に対する速やかな救済を行うための保険制度の整備、混合交通下での他の交通参加者への受容性検証等もあわせて推進する必要がある。[19][20]

おわりに

　自動運転システムを搭載した車の登場により将来の交通社会はどのように変わっていくのであろうか？　筆者は、自動運転車による目指す社会を、エリア別および実現時期に関して下記のように考える。
　今後日本をはじめとして、都市部への人口の集中が予想されている。その反

動として地方においては過疎化が進行し、公共交通機関による個人の自由な移動が困難になると予想されている。

(1) 大都市部や都市周辺においては、過密環境における交通事故や交通渋滞、運転時の不安を削減し、クルマ利用の利便性向上を目指す。
(2) 都市間交通においては、長時間運転時の運転負荷軽減と共に、交通流や物流の効率化をはかりクルマ利用の魅力を向上させる。
(3) 地方の市町村では、人口減少や高齢化によって移動が困難となった人々に、自由な移動の手段を提供する。

　これらの実現には、Step by Step のアプローチで着実に実用化する必要が有り、用途に応じ自動運転システムを搭載したパーソナルカーや、近距離移動用の低速車を活用した人間と貨物を混載した無人移動サービス等が想定される。

・2020年代（黎明期）
　2020年前後には、高速道路上での自動運転が可能になると考えられる。高度安全運転支援システムの普及も含め、交通事故の無い社会に向け大きく前進

するのではないだろうか？

・2030年代（普及期）

2030年代には、軌道の自動運転も可能になり自動運転システムを搭載した車の普及がかなり進むと考えられる。高速道路や一般道である比率の車が自動運転システムを搭載することにより、交通流制御の可能性が出てくると考えられ、より安全な交通社会になると共に渋滞が解消されたり、移動時の定時性が向上すると考える。同時に移動に係る資源の削減効果も期待される。

・2040年代（成熟期）

2040、2050年代には、自動運転システム搭載車が中心の交通社会となり、安全、安心、快適で省資源な交通社会が実現できると共に、いつでも誰でもどこへでも自由な移動が実現すると考えている。

＊本稿の執筆に当たり『早稲田大学自動車部品産業研究所紀要』第19号（2017年上半期）所収拙稿（67-83ページ）を利用した。なお、本稿の内容は筆者個人としての見解である。

[注]
(1) 津川定之（2013）自動運転システムの展望 IATSS Review Vol.37, No.3 pp.199-207
(2) ITARDA 交通事故の国際比較（IRTAD）2016年版 http://www.itarda.or.jp/materials/publications_free.php?page=31
(3) 警察庁 平成28年中の交通事故発生状況 http://www.e-stat.go.jp/SG1/estat/List.do?lid=000001117549
(4) 内閣府 平成23年度交通事故の被害・損失の経済分析に関する調査報告書 http://www8.cao.go.jp_koutu_chou-ken_h23_houkoku.pdf
(5) 経済産業省 情報経済革新戦略 その3 p54 社会が抱える課題（交通問題）http://www.meti.go.jp/committee/summary/ipc0002/report.html
(6) GLOBAL NOTE 自動車エネルギー消費量 国際比較統計・推移 http://www.globalnote.jp/post-3805.html
(7) 交通安全環境研究所 自動運転技術に関わる国際ガイドラインの概要と課題

自動車安全研究領域　関根道昭他 www.ntsel.go.jp/forum/2014files/1106-1445.pdf

(8) SAE International : "Summary of levels of Automation for on-road vehicles"

(9) 石田信之助他（2014）カメラとミリ波レーダのデータフュージョンによる事故低減技術の紹介　自動車技術 Vol.68　pp.31-37

(10) 中村之信（2013）「世界初のカーナビゲーション：ホンダ・エレクトロ・ジャイロケータ」日本機会学会誌 Vol.116, No.1141, pp.810 - 811、2013 年 12 月

(11) 柴田崇徳，福田敏男（1993）「階層行動アーキテクチャ（適応と学習によるシステムの最適化）」日本ロボット学会誌 Vol.11 No.8, pp.1111-1117

(12) "DARPA URBAN CHALLENGE" http:/archive.darpa.mil/grandchallenge/

(13) C.Urmson, et al.:"Tartan racing: A Multi-modal approach to the darpa urban challenge." 2007.

(14) M. Montemerlo, et al.:"Junior: The Stanford entry in the urban challenge." Journal of field Robotics, 25（9）, 569-597.2008

(15) ホンダロボティクス http://www.honda.co.jp/robotics

(16) 国土交通省　道路局資料「オートパイロットシステムの実現に向けて」中間とりまとめ（案）の概要より

(17) 国土交通省 オートパイロットシステムに関する検討会「オートパイロットの実現に向けて中間まとめ」

(18) 朝倉康夫（2014）「自動運転システムの検討動向」と期待　自動車技術 Vol.68　pp.6-11

(19) 横山利夫他（2015）「自動運転技術の現状と今後」安全工学会誌 2015 年 Vol.54 No.3　pp.169-176

(20) 横山利夫（2015）「自動運転の実像」IATSS Review Vol.40,No.2 2015 年 10 月　pp.91-100

第4章
自動運転による自動車事故と民事責任

浦川道太郎

1. 自動車事故に関する民事責任の現状

(1) 民法の過失責任主義による事故責任と自動車事故責任の厳格化

　我が国の事故責任に関する損害賠償のルール（不法行為規定）を定める民法典は、フランス及びドイツなど19世紀の欧州大陸諸国の民法典を継受したものである。これら欧州諸国の民法典は、事故による損害賠償責任に関しては、個人の自由活動領域を保障する近代市民社会の原理を体現した「過失なければ責任なし（注意深く行動した者は責任を負わない）」の原則に基づく過失責任主義を採用していた。

　しかしながら、民法典の定める過失責任主義は、産業革命が進行する中で蒸気・電気・内燃機等の新エネルギーの利用が始まり、鉱山開発や工場生産が活発化し、汽車・自動車などの新たな輸送機器が導入されるに従い、それらのエネルギーや施設・機器から生じる危険の現実化による事故被害の救済に無力であることを露呈することになった。すなわち、制御がときに困難になる複雑な新技術による事故では、過失責任主義の下で、事故被害者が加害者側の具体的な不注意を立証することは難しく、そのために費やさねばならない時間と労力が被害者側の負担となって、結果的に、新技術利用による事故被害の責任追及

を事実上不可能にしたからである。

　このため、欧州諸国は、このような現状に対処して、立法あるいは判例により、新技術に内在する危険の現実化による事故に関して、加害者の注意の有無を問わず（無過失でも）責任を負う損害賠償ルール（無過失責任）を形成することになった。立法において、その嚆矢となったものは、産業革命の「牽引車」であった鉄道が導入された時代にプロイセンで制定された1838年のプロイセン鉄道法である。

　同法の第25条によれば、被害者の自損事故及び外的な事変による損害であることを鉄道会社が立証できない限り、会社は、鉄道により輸送される人・貨物またはその他の人・物に生じたあらゆる損害を賠償する責任があるものとされ、新時代の危険技術の利用に伴って生じる事故の補償に相応しい責任ルール[1]が形成されたのである。

　馬車に代わって公道上の輸送手段として開発された自動車についても、ドイツでは、鉄道に関する無過失責任と同様に、自動車の利用が開始されて人身事故が多発し始めた1909年という早期に、事故責任を厳格化する特別法である自動車交通法（現・道路交通法）が制定された[2]。

　この自動車交通法の第7条は、自動車事故が専ら保有者・運転者の不注意と自動車の機械装置の欠陥と故障に起因し、これらの点の証明の困難が事故被害者の補償を著しく阻害しているとの認識に基づいて、自動車の運行に際して生じる自動車の人的損害・物的損害に対して自動車保有者に無過失責任を負わせるとともに、自動車の欠陥・故障でない不可避の事件（自動車保有者・運転者が注意を尽くしていたにもかかわらず避けられなかった外来の事故）であることを保有者が立証できる場合にのみ、保有者責任が免責されると定めた。

　このように、ドイツの自動車交通法の損害賠償規定は、自動車保有者が負担するリスクを自動車の運転者の運転過誤による事故と自動車自体の欠陥・故障に起因する事故の範囲に設定（外来的事由に起因する事故を免責）したのであるが、この判断は、立法当時の社会常識にも合致するものであった。なぜならば、自動車は前時代の馬車による交通に代替するものであり、馬車を原因とする事

故で馬車保有者に問われる責任が御者の不注意と馬車を牽引する馬の暴走についてであることから、それとの比較においても、自動車に関して、人（運転者・保有者）と機器の双方から生じる危険に対して自動車保有者に責任を負わせる立法は妥当なものと、同時代人は考えたのである。そして、この結果として、自動車保有者は、運転者（保有者）の不注意に由来する事故のみならず、自動車製造者に由来する自動車の欠陥・故障による事故についても第一次的に責任を負担することになった。

(2) 我が国における自動車事故責任の厳格化：自賠法の制定と自動車事故に関する民事責任制度の概要

はじめに書いたように、フランス、ドイツ等の民法典を継受した我が国の民法典は、不法行為の原則規定である民法709条についても、個々人の活動の自由を確保するために厳格な責任を回避して、過失責任主義を採用した。しかしながら、危険事業・施設・機器に関して無過失責任を定める特別法を制定することがドイツなどでは既に実行されている時代背景の下で、民法典の起草者は、過失責任主義を単一の損害賠償の原理とはせず、鉄道・その他の運送業・製造業等に特別法により無過失損害賠償責任を負わせることには反対しないと述べていた。[3]

だが、このように民法典起草者が危険施設・事業に対する無過失責任特別法の制定を示唆していたにもかかわらず、我が国における無過失責任特別法の制定は著しく遅れた。

自動車事故による損害賠償責任に関しても、第二次世界大戦後にモータリゼーションが進行し、自動車の保有台数の増加に正比例して交通事故による死傷者が急増し、被害者救済を放置できなくなった昭和30（1955）年になって、自動車損害賠償保障法（以下「自賠法」という）が制定されることになった。そして、同法により、自動車交通事故加害者に厳格な無過失責任に近い運行供用者責任が導入されるとともに、被害者補償を確保するための強制的な損害賠償責任保険制度が整備された。[4]

自賠法は、前述したドイツの自動車交通法（現・道路交通法）を参考に起草されたが、以下のように第3条で自動車保有者に厳格な責任を定めている：

第3条（自動車損害賠償責任）　自己のために自動車を運行の用に供する者は、その運行によって他人の生命又は身体を害したときは、これによって生じた損害を賠償する責に任ずる。ただし、自己及び運転者が自動車の運行に関し注意を怠らなかったこと、被害者又は運転者以外の第三者に故意又は過失があったこと並びに自動車に構造上の欠陥又は機能の障害がなかったことを証明したときは、この限りでない。

自賠法3条は、自動車事故の損害賠償において頻繁に利用されることにより、その要件・内容に関して最高裁判例等による解釈が示されている。本稿に関連する範囲で、自賠法3条の解釈で問題になる点、及び自動車損害賠償責任と関連する諸制度について確認しておこう。

ⅰ）運行供用者

人身事故による損害賠償責任を負う者は、自己のために自動車を運行の用に供する者（以下「運行供用者」という）である。自動車の保有者（自動車の所有者その他自動車を使用する権利を有する者）は運行供用者であるが（自賠法2条3項）、それだけでなく、運行供用者は、一般に、「自動車の使用についての支配権を有し、かつ、その使用により享受する利益が自己に帰属する者」（最判昭43・9・24判時539号40頁）、即ち「運行支配と運行利益」を有する者と定義されている。その意味では、自動車を無権限で運転する泥棒運転者も運行供用者であるが、運送業者・バス会社・タクシー会社など使用者に雇われて自動車を運転する運転者（被用者）は運行供用者ではないことになる。

ⅱ）運転者

自動車を実際に操縦している運転者は、オーナードライバーであれば、運行支配・運行利益があり運行供用者であるが、これに対して、「他人のために自

動車の運転又は運転の補助に従事する者」(自賠法2条4項) と定義される運転者は、使用者に雇われた者であり、運行支配・運行利益を有しないため運行供用者ではなく、自賠法上の責任はない。

他人のために自動車の運転 (運転補助) に従事するだけの運転者は、民法709条の原則に基づき、同人の運転に関わる故意・過失の立証に被害者が成功した場合にのみ責任を負う。

ⅲ) 運行

夜間に駐車場に駐車している車に歩行者が衝突して負傷したとしても、歩行者の自損事故というべきであり、運行供用者に責任を負わすことはできないであろう。このように、運行供用者が責任を負うべき範囲を画定するのが「運行 (によって)」の要件である。「運行」については、法律は、「人又は物を運送するとしないとにかかわらず、自動車を当該装置の用い方に従い用いること」と定義している (自賠法2条2項)。そして、判例は、固有装置説を採用し (最判昭52・11・24民集31巻6号918頁)、走行状態にある車の事故のみならず、例えば、クレーン車の操縦者が固有の装置であるクレーンを目的に従って操作中の事故であれば「運行」によるものと解して、停車中であっても、運行供用者責任を肯定する。

ⅳ) 他人

「他人」は、自賠法3条による保護を受ける人的な範囲、つまり、人的損害の賠償を受けることが可能な人の範囲を画定する要件である。判例は、他人については、「自己のために自動車を運行の用に供する者および当該自動車の運転者を除く、それ以外の者」と定義している (最判昭42・9・29判時479号41頁)。したがって、運行供用者、運転者、運転補助者 (運転助手等) を除くそれ以外の者を指している (最判昭57・4・27判時1046号38頁)。それゆえ、運行供用者・運転者が自損事故を起こしたときは、自賠法に基づく賠償を受けることができない。

他人の範囲に関して、判例は、被害者保護の観点から実質的には保険による塡補が行われることを前提に範囲を拡張し、無償あるいは好意で自動車に同乗させた者も他人であると解しており、また、夫婦の一方が運転していて配偶者が事故に遭った場合にも、配偶者が特に運転補助をしていない限り、配偶者は他人であると解している（最判昭47・5・30民集26巻4号898頁）。

ⅴ）損害・損害賠償
　運行供用者は、他人の生命または身体を侵害したことと相当因果関係にある損害を賠償する責任を負わねばならない。
　自賠法における損害賠償の対象である生命・身体の損害、即ち人的損害は、積極損害（治療費、通院交通費、生命侵害では葬儀費、後遺障害がある場合には介護費等）、消極損害（休業損害、生命侵害の場合・後遺障害がある場合には逸失利益）及び精神的苦痛に関する慰謝料に分類され、それぞれの損害額を積み上げて総損害額が計算される（個別項目積み上げ方式）。これらの損害項目については、自動車事故に関する裁判例の集積の中で算定基準が形成されており、裁判実務では公刊された基準に従って賠償額が算定されることが多く、また裁判外でも、この算定基準が賠償交渉の基礎に利用されている。
　ところで、自賠法は、他人の生命・身体侵害による損害（人的損害）に関して厳格な責任を課しているが、他人の財物を侵害したことによる損害（物的損害）を保護範囲から外している。これは、自賠法制定当時、物的損害への保護の拡張は将来的課題として、緊急性を要した人身事故による損害（人的損害）に対する保護を優先したためである。したがって、自賠法の保護範囲が未だ物的損害に及んでいない現在では、自動車による財物損害については、民法709条の過失責任が適用され、被害者は運転者の故意・過失を立証できる場合にのみ、損害賠償を請求することが可能である（運送業者の運転者のような被用者による業務上の物損事故では、被用者である運転者の過失責任（民法709条）を前提にして、使用者責任（民法715条）に基づき、被害者は使用者（運送業者）に損害賠償を請求できる）。このように自賠法の厳格な責任が物的損害に及んでい

ないことは、ドイツの自動車責任と相違する点であるが、後述（3.(2) 参照）する如く、自動運転による事故補償において解決しなければならない課題の原因にもなっている。

vi）自動車損害賠償責任保険・任意の自動車保険

　自賠法は、一方で、事故の加害者である運行供用者に厳格な責任を課したが、他方において、加害者の支払う賠償金を塡補して加害者の負担を軽減するとともに、被害者のために賠償金の支払を確保する目的で、自動車所有者の加入が強制される自動車損害賠償責任保険（共済）（以下「自賠責保険」という）を設けた（自賠法第3章）。強制保険としての自賠責保険は、保険会社に対する被害者の保険金の支払を求める直接請求権が認められ、また、被害者に重大な過失がある場合にのみ一定の過失相殺が行われる(7)など、被害者保護のための社会保障的性格を有している。そして、自賠責保険は、上述の損害の各項目に関する保険金の支払基準を金融庁・国土交通省の告示が定めており、損害保険料率算出機構(8)が個別事故について後遺障害の有無及び等級を査定して損害額を迅速・確実・公平に調査し、それに基づいて自賠責を取り扱う保険会社が保険金を支払っている。なお、被害者保護のために自動車所有者に加入を強制したことから、保険料を低額に抑えることが求められ、自賠責保険では、取扱い保険会社に対して経費を保障するが営業上の利益を与えない「ノーロス・ノープロフィット原則」が採用されている（自賠法25条）。

　自賠責保険は、被害者に対する基本的補償を確保するものであるため、その給付内容は一定金額に制限されており、上述（注5）した「青本」「赤い本」などに基づいて算出される事故の具体的な損害額を完全には塡補するものではない。このため、自賠責保険の保険金によっては塡補できない損害のために、任意の自動車保険が損害保険会社により提供されている。任意の自動車保険は、一般的に、自賠責保険を基盤にして自賠責保険を補完する対人賠償責任保険だけではなく、物損事故による損害賠償に備えた対物賠償責任保険、及加害者側に生じる人的損害に備えた人身傷害保険あるいは自己の自動車の損害に備え

た車両保険などが組み合わされた商品として販売されており、任意の自動車保険に加入することにより、加害者としての損害賠償のリスクだけでなく、加害者側自身に生じる人的・物的損害のリスクもヘッジすることが可能になっている。

vii）免責事由

　自賠法3条は、ただし書で、①運行供用者及び運転者が自動車の運行に関し注意を怠らなかったこと、②被害者又は運転者以外の第三者に故意又は過失があったこと並びに③自動車に構造上の欠陥又は機能の障害がなかったことを運行供用者が証明したときは責任が免除されると規定している。運行供用者が免責されるためには、これらの3つの要件がすべて満たされねばならないが、訴訟においては、事故発生と因果関係のない免責要件については、「当該事故と関係がない旨を主張立証すれば足りる」（最判昭45・1・22民集24巻1号40頁）と、最高裁は判示している。

　これら3要件を自賠法が免責事由として挙げたのは、ドイツの自動車責任と同様に、事故原因における車両圏内の要因と車両圏外の要因を区別して、前者の要因による事故のリスクのみを運行供用者に負担させようとしたからである。(9)それゆえ、運行供用者は、車両圏内であれば、運転者の運転上の不注意（運転のリスク）に責任を負うだけではなく、構造上の欠陥・機能の障害（システムのリスク）についても、由来を問うことなく、自動車メーカーの製造物責任が問題となる設計上・製造上の欠陥についても責任を負うことになる。(10)

viii）政府保障事業

　自賠法は、事故被害者保護の観点から社会保障的性格を有しているが、その現われとして、政府保障事業の制度が導入されている。同制度は、自賠責保険の対象とならない「ひき逃げ事故」「泥棒運転の事故」や「無保険事故」による被害者に対して、社会保険により塡補されない人的損害を自賠責保険の基準に準じて政府が塡補するものである。

以上に述べたところを見ると、自賠法を核とした現在の自動車事故の民事責任と保険制度は、被害者の損害に対して十分な補償を与えるとともに、加害者にとっても手厚い保護を与えていることが確認できるであろう。

2. 自動運転における事故と民事責任

　これまで、自動車事故による民事責任の現状を少々詳しく述べてきたが、これは、自動運転における事故の民事責任について考える際には、民事責任の現状を確認したうえで、それに対して自動運転技術の導入が如何なる影響を与えるかを検討することが有意義と思えるからである。
　そこで、人身事故と物損事故について、自動運転技術の進展に伴い現在の民事責任のあり方にどのような影響が生じるかを検討することにしたい。

(1) 自動運転のレベルと運転操作の主体

　ところで、わが国では、アメリカの民間団体SAE（Society of Automotive Engineer）[11]が提示した6段階の「レベル」に基づき自動運転技術の進展段階を区別している[12]。このレベル区分は、まったく自動化されていないレベル0から自動化システムが自動車操縦を完全に担って運転者が不在となるレベル5に至るものであるが、その中間的段階の技術指標を示すために意義がある。本稿の理解のために、次に、簡単に各レベルの概略について解説しておく。
　レベル0……運転者がすべての運転操作を行う。自動運転機能のない自動車。
　レベル1……加減速・操舵・制動のいずれか一つの機能を自動運転システム（以下「システム」という）が実施する。例えば、衝突被害軽減ブレーキ（AEB）や定速走行・車間距離制御装置（ACC）を装備した自動車がこれに相当する。現在では、この機能を装備した自動車は相当程度普及している。

レベル2……加減速・操舵・制動のうち複数の操作をシステムが実施する。例えば、ACCとアクティブレーンキープ（ALK＝車線中央維持）が組み合わされたもので、高速道路等で先行車に追随して車線を維持して自動走行する機能を有する自動車など。運転者は、運転支援システムが作動中でも常時システムを監視しなければならない。このような機能は先進的な車種に搭載され始めている。

レベル3……高速道路等の限定的な状況で、システムが加減速・操舵・制動を行うが、システムが要請したときは運転者が対応しなければならない。通常時には運転者は運転から解放されるが、緊急時やシステムが扱いきれないときには、システムからの運転操作切り替え要請に運転者は適切に応じる必要がある。渋滞時の自動運転機能を装備した自動車がアウディ社から販売されようとしている。

レベル4……特定の道路状況・環境状況などの条件下で、加減速・操舵・制動の操作を全てシステムが行い、その条件が続く限り運転者の関与をまったく必要としない。しかし、前述の条件が無くなると運転者による操縦が必要になる。ラストマイル、隊列走行等で、わが国でも実証実験が開始されている。なお鉱山等で使用されている特殊車ではレベル4の無人の車両が既に実用化されている。

レベル5……車両に運転者が同乗する必要がない完全な無人運転。

上記のレベルを見ても分かるが、レベル1～2では、運転者が運転していると言えるが、レベル3以上になると、システムによる自動運転が行われ、運転者の関与は次第に薄れ、最終的にレベル5では運転者という存在自体無くなり、システムによる走行が行われる。

このような人による運転からシステムによる走行への変化は、自動車交通の安全確保を人（運行供用者・運転者）に依存することを不可能にし、人に代えてシステムに比重を置いた交通安全対策の重要性を増大させる。それとともに、従来型の人を対象に構築してきた交通安全及び民事責任に関する法制度についても再考を迫ることになるのである。

(2) システムによる自動車操縦が現行法制度に与える影響：前提的な法的課題

自動運転が法律制度に与える影響としては、第一に、交通安全法制に関わる、わが国が批准している道路交通に関するジュネーブ条約及び国内法である道路交通法（以下「道交法」という）の諸規定がある。なぜならば、ジュネーブ条約も道交法も、運転者の存在を前提に制度設計されており、システムによる自動運転は想定していないからである。

すなわち、ジュネーブ条約8条、10条によると、自動車には必ず運転者がいることが要求され、かつ運転者が自動車を常に適正に操縦できねばならないと定めており、そして、道交法70条も、運転者が自動車を操縦し、安全運転をする義務を負うものと規定しているのである。しかし、このような現行法の要求は、自動運転のレベルが3以上になると、運転者が操縦を担わなくなることで、満たされない状態が生じる。それゆえ、公道上における自動運転を円滑に実施するには、いずれにせよジュネーブ条約及び道交法の改正が前提的に必要になるのである。

ジュネーブ条約及び道交法は、自動運転の時代に対応すべく、現在、改正に向けて動きつつある。ジュネーブ条約に関しては、2015年に、国際基準に適合している場合又は運転者によるオーバーライドないし運転者による運転への切換え可能な場合には自動運転も条約の要請を満たすものと扱う改正案が採択されたが、この改正案は未だ施行に至っていない。また、道交法については、警察庁の調査検討委員会がレベル3における運転者が行える「セカンドタスク」（運転外の行為）の範囲を含め、道交法改正の必要性についての検討を始めている。[14]

(3) 自動運転が自賠法に基づく民事責任・保険制度に与える影響

現行の自賠法は、前述したように（1.(2)参照）、人的損害のみを対象にし

て厳格な運行供用者責任を定めている。そして、運行供用者責任は、車両圏内の要因に原因を持つ人身事故を対象にしており、その意味では運転者の運転過誤とシステムの欠陥の双方のリスク（危険物である「自動車のリスク」と言い換えることを可能である）による損害をカバーしている。

　自動車の自動運転による走行がレベル１～レベル５に進むに従って、事故原因は人（運転者）のファクターの割合が減少し、システムのファクターの割合が増大するが、自賠法がカバーするリスクが上記のように人とシステムの双方を含むため、自賠法の定める運行供用者責任の射程距離はレベル５の段階の事故損害にも及ぶ（【図１】参照）。

　すなわち、現時点のレベル０では、ほとんど全ての事故が運転者の運転上の不注意によるものであり、自賠法３条により運行供用者が当然に責任を負う。これに対して、自動運転のレベルが上がるに従い、事故原因は運転者の不注意

図１　自動走行と対人事故の責任

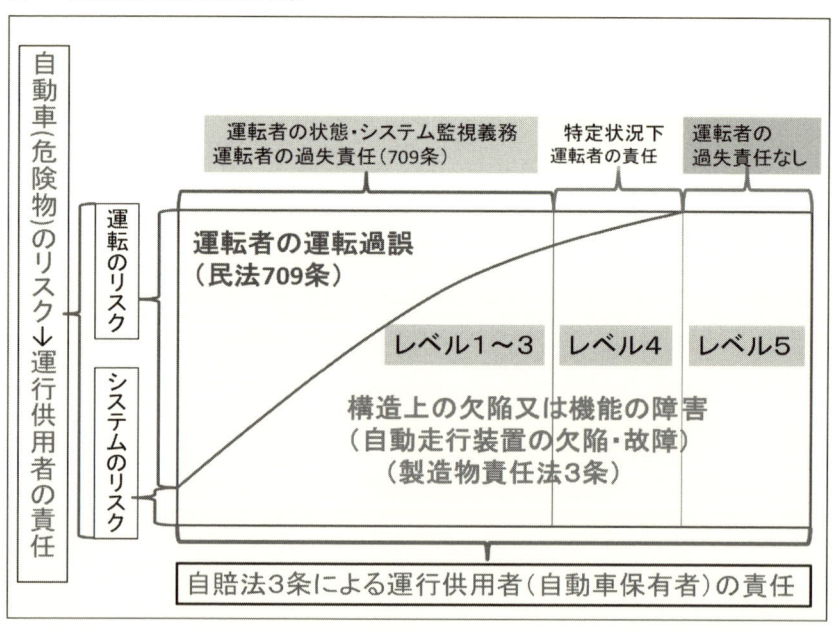

によるものから次第にシステムに起因するものに移行するが、自賠法3条はシステムのリスクもカバーしているために、運行供用者責任の成立に問題はないのである。

このように、法理面から見る限り、運行供用者責任はレベル5の完全自動運転においても十分に機能するとしても、当面の自動運転で問題となるレベル3〜レベル4の段階において、自賠法3条の各要件が実際に如何に充足されるか、【例題】を対象に確認しておこう。

【例題1】
　Aは、B社が運営するカーシェアリングの会員であるが、温泉へのドライブ旅行の目的で、カーシェアを利用してBの提供するレベル3の甲車（C自動車メーカーの製造）を高速道路上で自動運転機能が作動していることを確認して、システムに委ねて走行していた。ところが、甲車は、搭載していた地図情報が誤っていたため高速道路上で突然にシステムエラーの警告を発し、Aに運転操作を担当することを求めたが、Aは、自動運転モードで携帯を操作中であったために、急な操縦交代に間に合わず、甲車の前方を走行している乙車に衝突させて、乙車に同乗中のDを負傷させた。

【例題1】では、Aは、自身の利用目的をもって甲車を運転しているため、運行支配・運行利益があり、運転者であると同時に運行供用者である。また、カーシェアリングは、法的には自動車の賃貸借であると考えられ、B社も、車をA（借主）に賃貸する契約を結ぶ際、Aについて運転免許証その他一定の利用資格の有無を審査しており、使用期間は通常は短期間であること、賃貸料金その他の利用条件を契約で細かく定めていて契約遵守義務をAに負わせていることなどから、レンタカー業者と同様に、運行供用者と解される。

したがって、甲車の運行中に他人であるDを負傷させたならば、免責の抗弁が成立しない限り、A及びBは、共同運行供用者として、Dに対して連帯

して自賠法3条に基づく損害賠償責任を負うことになる。免責については、自賠法3条ただし書の3つの免責事由をA・Bが主張・立証すれば、責任を免れることができる。しかし、事故原因が地図の誤情報に起因する甲車のシステムエラーであったことから、甲車は欠陥車であったといえるため、「構造上の欠陥・機能の障害がなかったこと[17]」の要件を充足せず、運行供用者たるA・Bの免責の抗弁は成り立たない。

もっとも、A・Bの運行供用者責任によるDに対する損害賠償義務は、カーシェアを利用する際にAがBに支払う利用料金に含まれる保険料により締結された自賠責保険及び任意保険の保険金によって填補されるため[18]、A・BともにDの人的損害に対して賠償金を支払う必要はない。

このように見ると、レベル3におけるシステムの不具合による事故についても、自賠法3条の下で、現在と変わらぬ迅速な補償が被害者Dに与えられることになるのである。

しかしながら、ここで明らかになることは、Aが保険料を支払う自動車保険によって、甲車のメーカーCが負担すべき自動車の欠陥（地図の誤情報に起因するシステムエラー[19]）に起因する事故の損害も填補されるという事実である。すなわち、自動車事故におけるA・Bの運行供用者責任（自賠法3条の責任）とその自動車保険が自動車メーカーCの製造物責任（製造物責任法3条の責任）の肩代わりをしている事実である（この点は、今後の課題となる問題であり、後述する（3-(1)参照））。

ところで、本題では、甲車からシステムエラーの警告がAに対して発せられていることについても検討する必要があろう。すなわち、レベル3では、システムが自動車の操縦に適切に対応できない場合に、システムからの操縦交代の要請に運転者は応じる必要があるため、Aがこの操縦交代義務に違反したかも問題になる。この点については、運転者はシステムから権限委譲されても反応するための時間的余裕が10秒程度ないと事故防止のための適切な行動（非常制動等）が実行できないとされているため、システムエラーの警告から衝突までにそれだけの余裕がAに与えられていたかがポイントになる。つまり、

この余裕があったことがDにより立証されれば、Aには過失（注意義務違反）の責任があることになり、Dは、Aは対して民法709条の責任を問える（Aが運行供用者責任を負う以上、現実には意味がない）。これに対して、警告があっても適切な行動をとるための時間的な余裕がなかったとすれば、Aに過失（注意義務違反）の責任を問うことはできない。むしろ、この場合に、Aが衝突により負傷したとするならば、Aは、甲車の欠陥による被害者であり、Cの製造物責任を問うことも可能になる。(20) もっとも、Aが衝突で負傷したときには、Aが任意の自動車保険に加入しているならば、Aの過失の有無にかかわらず、自動車保険に通常は付帯されている人身傷害保険による保険金がAに支払われて、Aの損害は塡補されることになる。

【例題2】

Aバス会社が運営するレベル4に相当するラストマイル事業で、従業員Bが遠隔操縦する小型バスである丙車（C自動車メーカーの製造）に高齢者Dが乗車していたところ、走路上で餌をあさっていたカラスの群れが急に飛び立ったために丙車のセンサーが誤作動して急ブレーキがかかり、そのため、Dは、座席から投げ出されて負傷した。

（注）このレベル4に相当するラストマイルは、ラストマイル運行事業者であるAバス会社が雇用する「遠隔管理者」BがODD（Operational Design Domain＝運行設計領域）内の複数のラストマイル車を管理・運行させる形態であり、ODD（運行設計領域）内の走行では遠隔管理者が全く関与しない自動運転が行われ、想定外の事態が生じて自動車が安全に停車した場合やODD外の走行の場合にのみ自動運転車を遠隔管理者が操縦することを想定している。(21)

【例題2】では、旅客自動車運送事業者であるラストマイル運行事業者のバス会社Aが運行供用者であることについては問題がないであろう。そして、事故原因は、丙車のセンサーの誤作動であるため、丙車の「構造上の欠陥・機

能の障害」と評価され、車両圏内の要因に起因する事故として免責事由はなく、Aの自賠法3条に基づく運行供用者責任は肯定できる。

　Aの従業員である遠隔管理者Bは、ODD外では実際に車両を遠隔操縦し、また、ODD内ではシステムによる車両の自律走行に委ねるものの、モニター等からの情報で車両に異常が生じたことが判明し、あるいは、ODD内の状況が自動走行の条件を充たさなくなった場合には、車両をODD外に誘導する役割を演じる。このような役割の遠隔管理者は、遠隔地にいるとはいえ、ODD外では、ラストマイル車の運転者と見ることに違和感はなく、ODD内においても、システムによる自律走行が不能になったときに車両の操縦を実行できることから運転者性を認めることができる（上記1.(2) ⅱ）参照）。したがって、Bは、Aの下で丙車の運転に従事する運転者であり、自動車の運転について注意義務を負い、それに違反してラストマイル車の運行に際して人身事故を起こした場合には民法709条により問責される[22]。もっとも、本題では、丙車はラストマイルのODD内で自律走行しており、Bは、丙車の走行にまったく関与する必要はなく、また実際に関与できない。したがってBの過失責任を問うことはできない。

　それゆえ、結論的に、Dは、Aの運行供用者責任を問うことができるが、Aが加入する自賠責保険と任意の自動車保険からDに保険金が支払われることで損害は補償される。

　したがって、この場合でも、【例題1】に述べたと同様に、Aの加入する自動車保険によりDは迅速な補償を受けられるが、Aが保険料を支払う自動車保険は、本来的には自動車メーカーCが製造物責任を負うべき丙車の欠陥による事故の賠償を塡補しており、この点において問題が残る（後に検討する(3.(1)参照)）。

(4) 自動運転が物的損害事故の民事責任制度に与える影響

　前述(3)のように、自動運転になっても、人的損害に関する自賠法3条の

適用上問題がないことは明らかになったが、物的損害に関する民事責任では困難な問題が生じる。

物的損害に関する民事責任では、現行法上、自賠法3条の適用がなく、不法行為の一般原則（民法709条）に基づき過失責任主義の適用があるが（上記1.(2) v)）、自動運転の高度化に伴い運転者が操縦にまったく関与しないシステム障害による事故が発生した場合には、運転者の責任も追及できず、また、その使用者の責任（民法715条）も追及できなくなる。

そのため、残された責任追及の手段としては、システムの開発・製造者である自動車メーカーに製造物責任法3条に基づき責任を問うことになるが、ここでは当該システムが通常有すべき安全性を欠いていたという「欠陥」に関する被害者側が負担する主張・立証責任が大きな制約になる。いずれにせよ、人的損害の場合と相違して、物的損害については、事故被害即補償というスムーズな道筋は考えられないのである。

この点について、前出の【例題1】【例題2】の事実関係を前提に、レベル3ないしレベル4における物的損害の民事責任について確認しておこう。

前出【例題1】の事実関係を前提に、以下のような物的損害を発生させた事案として検討する。

【例題1－物損】

　Aがカーシェアリング運営会社B社のレベル3の甲車（C自動車メーカーの製造）を利用して、高速道路上で自動運転機能が作動している状態で走行させていたところ、搭載していた地図情報が誤っていたため高速道路上で甲車が突然にシステムエラーの警告を発し、Aに運転操作を交代することを求めたが、Aは、自動運転モードで携帯を操作中であったために、急な操縦交代に間に合わず、甲車の前方を走行しているD所有の乙車に衝突させて、乙車を大破させた。

【例題1】の物的損害事例（【例題1－物損】）では、運転者Aが乗車する甲車

はレベル3のシステムにより自動運転中である。そのため、システムが正常に作動中であれば、Aは、自らに課された安全運転義務（道交法70条）をシステムに委ねることができ、システムが操縦を担当できないとの警告を発した場合にのみ、操縦を引き受ける必要が生じる。そして、【例題1】で述べたように、運転者はシステムから権限委譲されても反応するための時間的余裕が10秒程度ないと事故防止のための適切な行動（非常制動等）が実行できないため、システムエラーの警告から衝突までにそれだけの余裕があったか否かがポイントになる。

　この余裕があったことがDにより立証されれば、Aには運転を担当して急制動により衝突を回避しなかった過失（安全運転義務違反）の責任があることになり、Dは、Aは対して民法709条により乙車の大破の損害賠償を請求できる。

　これに対して、警告があっても適切な行動をとるための時間的な余裕がなかったとすれば、Aに過失（注意義務違反）の責任を問うことはできない。Aに過失責任がない場合には、乙車の大破の原因は甲車のシステムの欠陥（地図の誤情報によるシステムエラー）によるものであり、甲車のメーカーCが製造物責任3条により損害賠償責任を負うことになる。

　もっとも、いずれの場合でも、被害者Dは、前者では、Aの過失と過失と事故との因果関係を、後者の場合では、乙車の欠陥の存在と欠陥と事故との因果関係を主張立証しなければならず、自賠法3条が適用される人身事故（【例題1】）における自動車保険による迅速な被害救済に比較して、被害救済は簡単ではない。

【例題2】の事実関係を前提に、以下のような物的損害を発生させた事案として検討する。

【例題2－物損】
　Aバス会社が運営するレベル4に相当するラストマイル事業で、従業員Bが遠隔操縦する小型バスである丙車（C自動車メーカーの製造）のセ

> ンサーがODD内の走路上で餌をあさっていたカラスの群れが急に飛び立ったことで誤作動し、システムエラーにより走路から外れたために、並行して走行していたD所有の丁車に接触・破損させた。

　【例題2】の物的損害事例（【例題2－物損】）では、ラストマイルのODD内で自走している丙車のシステムエラーによる接触事故であり、BはODD内の走行には何ら具体的には関与していないため、Bの過失責任は問題にならず、Bを使用するAの使用者責任も問うことができない。したがって、センサーの誤作動によりシステムエラーとなった丙車の欠陥だけが問題になる。そして、この誤作動が丙車の欠陥（丙車が「通常有すべき安全性」に欠けている）ならば、Cに対して損害賠償を請求することが可能になるが、欠陥の主張立証責任はDが負担している。

　ここでも、【例題1－物損】と同様に、被害者側が欠陥を立証して自動車メーカーCの製造物責任を追及しなければならないために、運行供用者による免責事由の立証がない限り被害者に自賠法3条に基づき自動車保険による迅速な補償が与えられる人的損害（【例題2】）の場合と比較して、被害救済が容易ではないことが明らかになる。

3．自動運転における民事責任の方向性と今後の課題

(1) 自動運転における人的損害に関する民事責任と今後の課題

　これまで、自動運転が現行の法制度の下での民事責任に与える影響について、人的損害と物的損害に関して、検討してきた。
　その検討結果によれば、人的損害に関しては、レベル3ないしレベル4においても、既存の自賠法3条に基づく損害賠償責任と、その下で整備されている

自賠責保険・任意の自動車保険による補償制度が問題なく機能し、また、この民事責任と保険制度の枠組みが被害者に迅速な補償を与えるものであることが確認できた。

　この確認に基づくならば、人的損害に関しては、今後も自賠法を維持することが適切であると思われる。事実、自動運転における損害賠償責任のあり方を研究した国土交通省の「自動運転における損害賠償責任に関する研究会」も、平成30年3月発表の報告書[23]において、レベル0～4までの自動車が混在する当面の「過渡期」においては、①運行供用者責任に変化が生じないこと、及び②迅速な被害者救済のため、運行供用者に責任を負担させる現在の制度の有効性は高いこと等の理由を挙げて、「従来の運行供用者責任を維持」する結論を提示している。このため、人的損害に関する民事責任の制度は、レベル4が実用化される2020～2025年ころまでは、現行制度に変更はないものといえよう。

　もっとも、人的損害の民事責任に関して、現行の自賠法に基づく制度枠組みが維持されるとしても、そこには解決しなければならない幾つかの問題が存在している。

　その第一は、前出の【図1】に示したように、レベルの上昇に従い、事故原因に占める運転者等の人的な過誤を原因とする割合が減少し、システムの欠陥を原因とする割合が増大し、それとともに、本来はシステムの欠陥として自動車メーカーが製造物責任を負い、メーカーが付保するPL保険により填補されるべき損害が自動車保有者の支払う保険料に基づく自動車保険により負担されることになる問題である。

　この運行供用者責任による製造物責任の肩代わりという不公平な結果については、運行供用者責任により保有者の損害賠償責任を填補した自動車保険を引き受けた損害保険会社から製造物責任を負う自動車メーカーないしPL保険を引き受ける損害保険会社に対して求償権を行使することにより解決できる[24]。しかしながら、この求償を働かせるについては、前提的な問題が存在する。すなわち、レベル3では、事故時に自動車を実際に操縦していたのが運転者・システムのどちらであるかが、明らかにされる必要があるのである。

また、レベル3で事故原因がシステム側にあることが判明した場合やレベル4のODD上の事故でシステム起因性の事故であることが明らかである場合でも、自動車メーカーに求償するには、製造物責任の成立要件であるシステムの「欠陥」（自動車に期待される「通常有すべき安全性」の欠如）と（欠陥と損害との間の）因果関係が求償権を行使する側（運行供用者あるいは自動車保険の損害保険会社）により立証されねばならない。
　すなわちレベル3ないしレベル4では、自動運転車の走行に運転者の関与があるだけに、自動車メーカーへの求償に当たっては、事故原因を究明して、システムに起因すること及びシステムの「欠陥」を立証しなければならないのである。
　この事故原因究明の手段としては、EDR（Event Data Recorder）の利用等が提案されているが、EDRに関しては、さらに、記録のあり方、取得データの所有者、データの解析機関、データの利用者の範囲、プライバシー保護等々、今後検討しなければならない問題が山積している[25]。
　ところで、事故原因が自動運転車のシステムに起因していることが明らかであっても、運行供用者責任に基づき保険金を支払った損害保険から自動車メーカーCに対する求償に際して、製造物責任法の成立要件であるシステムの「欠陥」の厳密な立証が必要であるとするならば、求償権の行使は円滑には進まないであろう。そのため、迅速な求償を達成する方法を考えねばならず、それについては、以下のような方法が考えられよう：①欠陥の推定規定の導入、②システムによる走行中の事故に関して自動車メーカーが第三者の損害を含めて賠償責任を負う保証（損害担保契約）をする、③損害保険会社と自動車メーカー間の求償に関する合意、④ADR機関の関与等々。
　この中で、①は、システム走行が明らかになった場合に、自動車メーカー側が他原因を証明できない限り、当該自動車の欠陥による事故と推定してメーカーに製造物責任を負わせる方法である。この方法は、後に述べる物的損害事故の賠償でも役立つ方法であるが、自動運転車だけを対象に製造物責任の欠陥の推定規定を導入することについては、関係者の同意が得られるか、また、製

造物責任全体のバランスとして如何かという問題もある。

②は、自動車メーカーが、自動運転車の購入者(所有者)に対して、第三者に生じた損害を含め、システム走行中の事故損害に関して賠償する保証約束(損害担保契約)をすることにより、自動運転時の損害を負担するものである。[26]この方法は、自動運転装置に対する市民の信頼感を高めると同時に、企業にとって負のイメージである欠陥めぐる紛争の未然防止にも効果があり、メーカーとしても一つの選択肢になると思われる。もっとも、このような保証をするか否かは、メーカー各社の選択に委ねられており、問題の全面的な解決方法とはならない欠点がある。

③は、システム走行時の事故に関して、損害分担を予め損害保険業界団体と自動車業界団体との間で合意を形成しておく方法である。これは④の事故損害の分担における紛争解決のための裁判外紛争処理機関の利用とも関連して望ましいものである。

いずれにせよ、以上述べた自動運転時の人的損害に関して運行供用者責任に基づき迅速・簡易な被害者補償をした運行供用者・自動車保険側からの求償に伴う諸課題の克服には損害保険会社と自動車メーカー間の協力体制の構築が不可欠であり、自動運転の円滑な発展のために、両業界の相互理解に基づく今後の努力が求められよう。

(2) 自動運転における物的損害に関する民事責任と今後の課題

自動車による物的損害事故については、自賠法3条の適用がないため、人的損害の賠償に比して、より一層困難な問題と課題が生じる。

すなわち、レベル3の自動運転における物損事故(前出【例題1－物損】を参照)で被害者が損害賠償を得ようとするならば、事故が運転者による運転中か、システムによる走行中かを確認したうえで、運転者による運転中であれば、被害者は運転者の「過失」を立証して民法709条の責任を追及しなければならず、システムにより走行中ならば、被害者はシステムの「欠陥」を立証して自動車

メーカーの製造物責任を追及しなければならない。ここには、事故原因を特定したうえで、それぞれ適切な相手方に対して損害賠償を請求しなければならないという、二重のハードルが存在しているのである。

　また、レベル4のODD内の自動運転における物損事故（前出【例題2－物損】を参照）で被害者が損害賠償を得ようとする場合も、被害者はシステムの「欠陥」の立証責任を負うため、迅速な被害者救済には困難が伴う。

　上記の物的損害事故における被害者救済の困難を解決するには、EDRデータの利用とその精確な分析が必要になろう。しかし、そのようなコストのかかる負担を被害者に課することは適当とは思われず、迅速・簡易な被害者救済を達成するためには、何らかの手段を講じることが必要になる。このような被害者救済策としては、一応、以下のような方法を考えることができよう：①自賠法を改正することにより、運行供用者責任を物損事故にまで拡張する、②システムによる走行中の事故について欠陥の推定規定を製造物責任の特則として導入する、③システムによる走行中の事故に関して自動車メーカーが第三者の損害を含めて賠償責任を負う保証（損害担保契約）をする、④自動運転車の自動車保険に付帯している被害者救済費用特約による解決等々。

　この中で、①は、最も明解な方法であり、人的損害における運行供用者責任がレベル5まで対応可能と同じ論理を物的損害に妥当させることが可能になる。しかしながら、ノーロス・ノープロフィット原則（自賠法25条．1．(2) ⅵ）参照）の下にある自賠責保険制度を前提に自賠法が構成されていることから、自賠法の保護範囲を物的損害にまで及ぼすには法制度の根本的改正を必要としており、実現には相当の困難が予想される。

　②③は、上述の人的損害に関して述べたと同じ意義と問題点をもっている（前述（1）①②参照）。

　④は、わが国の損害保険会社が自動車保険に最近になって付帯したものであり、対人・対物賠償保険の存在を前提にして、自動運転中の事故に際して、賠償責任の有無にかかわらず保険金を支払い、その後、損害賠償請求権の移転に伴い賠償義務者に保険会社が直接求償するものである。したがって、責任の所

在が不明確なケースや、自動運転システムの欠陥事故についても、自動車保険が第一次的に保険金を人的損害・物的損害を受けた被害者に支払うことになる[27]。しかしながら、この特約は、自動運転車の欠陥がリコールや公的機関の調査等で明らかであることなど、保険金請求に多くの制約があり、現状のままでは使いにくいものとなっている。

自動車事故による物的損害は、衝突事故により関係自動車双方に生じることが多く、また、自動車の高性能化に伴い修理代金が上昇していることもあり[28]、自動運転車による事故では物的損害に対する民事責任と過失相殺のあり方の重要性が高まる[29]。このため、上記の方法を含めて、物的損害の補償については、現実的かつ実行可能な方法を十分に検討する必要があろう。

おわりに

自動運転における民事責任のあり方は、人的損害の賠償に関しては、過渡期である2020～2025年の段階では、自賠法3条の運行供用者責任を維持する方向でほぼ了解が成立した。しかし、その場合に問題になる、運行供用者責任に基づき保険金を支払った自動車保険からシステム欠陥に責任を負うべき自動車メーカー・PL保険に対する求償権の実効性確保の仕組みについては、未だ結論が出ていない。

また、物的損害に関する賠償に関しては、国土交通省の研究会も自賠法と人的損害への対応に集中して研究しているために[30]、今後どのような対応をすべきかという方向性については、公的には何ら手がかりがない状態である[31]。したがって、上述した自動運転時の物損事故に関する迅速な被害者補償の考え方も、被害者救済費用特約による応急的な対応を別として、当面実行に移されることはないと思われる。

自動運転に関する民事責任については、過渡期といわれる2020～2025年のレベル3ないしレベル4の実用化段階を想定した議論が緒についたばかりであ

り、今後さらに検討しなければならない問題が山積している。
　もっとも、自動運転に関する民事責任のあり方の検討は、自動運転の進化により事故が減少するのであろうという予測とも関連しており、技術の進展による現実の事故発生状況を確認しないで、机上の論理を展開することも不毛な議論となろう。
　いずれにせよ、自動運転に関する民事責任のあり方に関しては、自動運転の技術の発展とその利用及び利用がもたらす実社会への影響を見据えながら、着実に現実的な解決策を探っていくべきであろう。

＊本稿の執筆に当たり、浦川道太郎「自動運転における民事責任のあり方」法律のひろば71巻7号21ページ以下に掲載した記事を一部使用した。また、本稿の内容は筆者個人としての見解である。

［注］
(1) このような危険な技術・施設・機器の利用に伴い生じる危険の現実化としての事故損害に対する過失を問わない厳格な損害賠償責任（無過失責任）は、危険責任（Gefährdungshaftung）と呼ばれる。
(2) ドイツの自動車交通法（現行・道路交通法）の立法過程については、浦川道太郎「自賠法と製造物責任の関係」、交通事故紛争処理センター編『交通事故紛争処理の法理』ぎょうせい、2014年、35ページ以下。なお、1908年にオーストリアで最初の自動車に関する責任を定める特別法が制定されている。
(3) 我が国の無過失損害賠償責任（危険責任）については、浦川道太郎「無過失損害賠償責任」、星野英一編『民法講座 (6)』有斐閣、1985年、191ページ。「鐵道デアルトカ或ハ其他ノ運送業デアリマスルトカ製造業デアリマスルトカソンナモノニ就イテハ……故意又ハ過失ト云フモノガ無クテモ苟モ其事業ヨリシテ損害ガ生ジマシタナラバ必ズ賠償ヲシナクレバ往カヌト云フヤウニ特別法ヲ以テ義務ヲ負ハセルト云フコトハ吾々ニ於テモ少シモ反對ハナイ又サウ云フ場合ガアルジヤラウト思フノデアリマス」と、民法起草者である穂積陳重博士は述べている（法務大臣官房司法法制調査部監修『法典調査会民法議事速記録五』商事法務研究会、1984年、301ページ）。
(4) 自賠法が制定された昭和30（1955）年には、自動車保有台数は約130万台

を超え、交通事故死者数は2年間を通算すると1.3万人を超えて日清戦争の死者数に匹敵するようになった。このため、第一次「交通戦争」という名称も生まれた。
(5) 隔年に改訂版が発行される日弁連交通事故相談センター編『交通事故損害額算定基準』（「青本」と呼ばれる）、及び毎年改訂版が発行される日弁連交通事故相談センター東京支部編『民事交通事故訴訟 損害賠償額算定基準』（「赤い本」と呼ばれる）など弁護士会が発行する「算定基準」が参考にされている。
(6) 制度の漸進的実施により物的事故を自賠法に組み入れることを立法者は構想していた（第22回国会参議院運輸委員会会議録12号2ページ）。
(7) 自賠責保険では「重過失減額制度」が採用されており、被害者に7割以上の過失が認められる場合にのみ支払保険金額を減額し、70％未満の場合には保険金額を減額せず基準の満額を支払うことが行われている。
(8) 損害保険料率算出機構は、損害保険料率算出団体に関する法律に基づき、損害保険における参考純率と基準料率の算出およびそれを会員に提供することなどを行う団体であり、自賠責保険については、自賠責保険の支払対象か否か（自賠法3条責任の有無）、事故と傷害・後遺障害・死亡との因果関係の有無、治療費の妥当性、後遺障害の等級認定、支払額算定等の損害調査を実施している。
(9) 舟本信光『自動車事故民事責任の構造』日本評論社、1970年、31ページなど。
(10) 浦川・前掲論文（注2）40ページ以下。
(11) 自動車等に関する技術標準化を目的に活動している団体である。
(12) SAE International J3016（2016年9月）を採用することについて、高度情報通信ネットワーク社会推進戦略本部・官民データ活用推進戦略会議（IT総合戦略本部）「官民ITS構想・ロードマップ2017」4ページ参照。
(13) Convention on Road Traffic, Geneva, 19 September 1949.
(14) 日経2018年5月23日朝刊34ページ。
(15) 政府の高度情報通信ネットワーク社会推進戦略本部・官民データ活用推進戦略会議（IT総合戦略本部）が平成30年4月17日に発表した「自動運転に係る制度整備大綱」は、2020〜25年の公道上での自動運転車と自動運転システム非搭載車が混在する「過渡期」を想定し、2020年を目処にレベル3の自家用自動車の自動走行、レベル4の限定地域での無人自動運転移動サービス（ラストマイル）の実現を目指している。なお、レベル5の完全な自動運転車が走行する時代では、交通環境は一変していると考えられ、人的

損害に関して自賠法3条がレベル5にも適用可能としても、現在とは異なる民事責任制度を構想することが可能であり、またその必要性も生じると思われる。

(16) 最判昭46・11・9民集25巻8号1160ページは、レンタカー業者に運行供用者責任を認めている

(17) 「構造上の欠陥・機能の障害」がないことの立証による免責について、「現在の工学技術の水準上不可避のものでない限りは、その欠陥ないし障害を云々しうる」(東京地判昭和42・9・27判時502号21ページ)と裁判例は厳しい要求をしている。欠陥・障害の原因は、車両圏内であれば由来を問わないため、製造物責任の「欠陥」よりは幅が広いものといえよう。

(18) カーシェアリングにおける利用者(借主)が締結する自動車保険の仕組みは、自動車の賃貸であるレンタカー及びカーシェアリングに共通するものである。

(19) 誤情報があった地図自体は、無体物であり、製造物責任の対象たる製造物である「動産」(製造物責任法2条1項)ではないが、製造物責任法の観点からは、地図情報を含む一体としての自動車を「製造物」と見るべきであろう。

(20) 自動運転中のシステムの欠陥による事故で、運行供用者・運転者の過失を問えない事例で、運行供用者・運転者が負傷した「自損」事故をどのように考えるかは一問題である。レベル5の段階は別として、レベル4までは、運転者の存在を前提にしていることから、このような状況下の「運転者」を自賠法3条にいう「他人」とみなすことはできないであろう。したがって、本文に記したように、システムの欠陥により無過失で負傷した運転者の事故損害も「自損」事故と考え、製造物責任を自動車メーカーに被害者として追及するとともに、迅速な補償を得るには、当該運転者を被保険者とする任意の自動車保険に付保されている人身傷害保険を活用する方法が指示されよう。後出の国土交通省自動車局の報告書(注23)17ページも同様の見解を採用している。

(21) ラストマイルにおける自動運転の民事責任に関しては、浦川道太郎「ラストマイルにおける民事責任上の法的課題」NBL1125号2018年、27ページ参照。

(22) Bが負担する実質的な役割を別として、レベル4までは運転者の存在を前提にしているため、運転者となる者を認定しなければならないこと、また、運転者であると認定するならば、自賠責保険及び任意の自動車保険の被保険者として保護を受けられ、損害賠償責任を課された場合に保険により損害の

塡補を受けられることなどを勘案すると、Bを自賠法にいう「運転者」とみなすことが妥当である。

(23) 国土交通省自動車局『自動運転における損害賠償責任に関する研究会報告書（平成30年3月）』7ページ。

(24) 前出（注23）の国土交通省自動車局の研究会報告書も、「保険会社等から自動車メーカー等への求償権行使の実効性確保のための仕組みを検討」することが必要と指摘している。

(25) EDRは、現在はエアバックの作動状況を記録するために装備されているが、自動運転の高度化に伴い、より細かい情報を記録する必要があろう。なお、事故原因究明には、EDRのほかに、ダッシュカメラ（ドライブレコーダー）の記録も必要になろう。これらの機器による情報の記録が詳細になれば、それだけ事故原因究明に資することになるが、同時に、個人情報保護の観点から問題が複雑になる。

(26) ボルボ（Volvo）社のCEOであるサムエルソンは、2015年10月に、自社の自動運転車の事故については全面的に責任を負う旨の発言している。
http://fortune.com/2015/10/07/volvo-liability-self-driving-cars/

(27) この被害者救済費用特約は、自動運転時の物損事故及び外部からのハッキツグによる事故の損害に対して特に意味があるといえよう。

(28) 対物賠償保険における支払1件当たりの修理費は、2015年度で253,600円であり、2011年度に比較して20％近く上昇している。

(29) システムによる走行中の自動運転車と非自動運転車との衝突事故における「過失相殺」をどう考えるかは、自動運転車側の「過失」を問えないことが生じるために、将来的に大きな問題となるだろう。現在の過失相殺が『民事交通訴訟における過失相殺率の認定基準〔全訂5版〕』別冊判例タイムズ38号（判例タイムズ社、2015年）に示されているように類型化されていることからすると、帰責の問題を考えず、（自動運転の修正を加えた）事故類型に当てはめて処理すべきであると考えるが、理論的には困難な問題を内包している。佐野誠「多当事者間の責任の負担のあり方」、藤田友敬編『自動運転と法』有斐閣、2018年、216ページ。

(30) 国土交通省自動車局・前掲報告書（注23）参照。

(31) 国土交通省自動車局の報告書では、ハッキングによる人的損害に関しては、自賠法に定める政府保障事業の利用が提示されている。国土交通省自動車局・前掲報告書（注23）15ページ参照。

(32) 今後の課題としては、EDRに関する個人情報保護を含めた問題、物損事故に関する責任に関する問題などがあるが、このほかに、自動運転と並行し

て進展しているコネクテッドカーをめぐる問題も自動運転と切り離せないものとして存在している。

［参考文献］
＊下記の雑誌の「特集」及び書籍に掲載の諸論文
『自動運転と民事責任』ジュリスト 1501 号 2017 年 1 月 有斐閣 13 ページ以下
『自動走行の民事責任及び社会的受容性』NBL 1099 号 2017 年 1 月 商事法務 4 ページ以下
『自動走行と自動車保険』交通法研究 46 交通法学会 2018 年 2 月 有斐閣 1 ページ以下
『自動運転社会の到来』法律のひろば 71 巻 7 号 2018 年 7 月 ぎょうせい 4 ページ以下
『自動走行の民事上の責任および社会的受容性に関する研究』NBL 1125 号 2018 年 7 月 商事法務 19 ページ以下
藤田友敬編（2018）『自動運転と法』有斐閣

第5章
自動運転技術に係るレギュレーションの国際的なルールメーキング

和迩健二

はじめに

　自動運転技術が自動車の安全性向上や、自由な移動の確保などから大変期待されている。自動車の新技術が実用化されるにあたっては、車両としての安全・環境基準に適合していることが前提となるが、自動運転技術のような革新的イノベーションの安全性を十分に評価できる基準や評価手法があらかじめ用意されているわけではない。
　現在、自動運転の技術開発や社会受容性の向上などのため様々な実証実験が各地で行われているが、このような実証目的の公道走行については、安全性の確保のための手続きなど必要な環境整備が関係省庁によって既になされている。また、自動運転車ではないが自動運転技術によって安全性能を高めた自動車は既に市販されている。しかし、「システムが運転する」という本格的な自動運転車の安全性能評価は世界的に見てもこれからの課題であり、安全規則＝レギュレーションは技術開発の動きと並行しながら段階的に策定されていくことになり、今後の動きは必ずしも見通せるわけではない。
　レギュレーションはこれまでも技術の進歩に応じながら、交通事故の削減、排出ガス・騒音の対策、地球環境保護などの社会的な要請や、市場のグローバル化によって求められる基準調和の課題に応えることで、イノベーションを社会が受け入れる、あるいはイノベーションそのものを促進するインフラとして

機能してきたのであるし、これからも同様であろう。

以下、これまでの自動車の車両安全対策とその国際的な取り組み、これから本格化する自動運転のレギュレーションの策定作業＝ルールメーキングをめぐる動きを紹介したい。

1. 日本における自動車の車両安全対策

平成29年（2017年）10月10日付で国土交通省自動車局技術政策課および自動車局審査・リコール課から「車線維持支援機能に関する国際基準を導入します――道路運送車両の保安基準の細目を定める告示等の一部改正について」というプレスリリースが出されている。これは、「自動車の自動操舵機能のうち、ハンドルを握った状態での車線維持支援機能、補正操舵機能、自動駐車機能に関する国際基準が、国連欧州経済委員会自動車基準調和世界フォーラム（WP29）において策定されたことを踏まえ、我が国においてもこの基準」を同日付で公布し、施行したというものである。この車線維持機能（LKAS）はいわゆるレベル1の自動運転機能であるが、既に実用化されている前方の自動車に追従する自動加減速機能（ACC）と複合化させれば、レベル2の自動運転機能となる。このように、自動運転技術に係る国際基準策定とその国内への取入れはすでに始まっている。日本における自動車の安全・環境基準は、道路運送車両法という法律に基づいた省令である、通称「保安基準」として定められているが、この保安基準を含む車両安全対策の策定の状況は、担当する国土交通省自動車局により毎年開催されている自動車安全シンポジウムの場を通じて公開されている。以下に、2017年10月に開催された第18回同シンポジウムのプレゼン資料を参考としながら、自動車の安全対策について見ていく。

日本における交通安全対策は、国の中央交通安全対策会議による交通安全基本計画に基づき、「人」、「道」、「車」の3つの要素について取り組まれている

（資料1）。現在の第10次の交通安全基本計画は、2016年度から2020年度までの5年間を計画期間とし、①交通事故による死者数を2020年までに2,500人（24時間死者数）以下とし、世界一安全な道路交通を実現すること、②死傷者数を50万人以下にすること、を目標としている。なお、2017年の交通事故による死者数は3,694人であり、1948年以降で最少となっており、ピークであった1970年の16,765人と比較すると約13,000人の減少となっているが、高齢者の事故対策などこれからも様々な対策が求められている。

車両の安全対策はこの交通安全基本計画の下で、国土交通省の交通政策審議会陸上交通分科会自動車部会による報告書「交通事故のない社会を目指した今後の車両の安全対策のあり方」（平成28年（2016年）6月）（資料2）に基づき、①子供・高齢者の安全対策、②歩行者・自転車乗員の安全対策、③大型車がからむ重大事故対策、④自動走行など新技術への対応を4つの柱とし、他の交通安全対策との連携を図りながら取り組まれており、平成32年（2020年）までに車両対策による交通事故死者数を1,000人削減（2010年比）することが目標とされている。これまでシートベルトやチャイルドシート、車体の衝撃吸収性能の向上など、衝突後被害軽減技術が大きな効果をあげてきたが、交通事故の96％がヒューマンエラーなど運転者に起因（2015年の法令違反別死亡事故の発生割合による）することなど、今後は予防安全対策や救急・救助との医工連携が重要になり、衝突被害軽減ブレーキ、事故自動通報システム（ACN）など、センサ、情報処理、通信を応用した先進技術が期待される。

安全対策の具体化にあたって重要なのは「目標に基づくPDCAの考え方」、「性能基準の考え方」、「対策ツールの多様化」の3点である。

1点目の「目標に基づくPDCA（Plan・Do・Check・Action）」は、車両安全対策による死者数の削減目標の達成のために「安全基準策定のサイクル」によって対策を進めることである。これは前述の交通政策審議会の報告書による方針に従い設置されている「車両安全対策検討会（座長　鎌田実　東京大学教授）」によって方向づけられ、具体的には、事故分析、新技術の動向、効果評価など

資料1　～交通安全基本計画（道路交通安全）と車両の安全対策の関係～　MLIT

出典：平成29年11月第18回自動車安全シンポジウム国土交通省自動車局資料

交通安全基本計画（道路交通安全）

「人」、「道」、「車」の3つの要素について政府をあげて交通安全対策を推進

計画期間：5年間

審議機関：中央交通安全対策会議

「第10次交通安全基本計画」策定

⇔ 連携

車両の安全対策（自動車局）（※1）

交通安全対策のうち「車両」の安全対策を推進

計画期間：5年間

審議機関：交通政策審議会（※2）

※2 陸上交通分科会自動車部会技術安全ワーキング・グループ
今後の車両の安全対策について検討

人
・交通ルールの策定、徹底
・交通安全教育
・運転免許制度　等

道
・生活道路等における人優先の安全・安心な歩行空間の整備
・幹線道路における交通安全対策の推進
・自転車利用環境の総合的整備　等
社整審道路分科会基本政策部会等にて議論

車
・車両の安全基準の策定
・安全な車の普及促進
・最新の安全技術の導入促進　等

※1　自動車局では、このほか、トラック、バス、タクシー等の事業用自動車の安全対策も担当。現在、「事業用自動車総合安全プラン2009」（平成21年とりまとめ）に基づき、10年間で事業用自動車の事故による死者数を半減させる等の目標を掲げて各種施策を実施中

資料2　～国土交通省目標について～　国土交通省

出典：平成29年11月第18回自動車安全シンポジウム国土交通省自動車局資料

平成23年6月
交通政策審議会陸上交通分科会自動車交通部会報告書とりまとめ

↓

政府目標を踏まえ車両安全対策の目標を設定
平成32(2020)年までに、交通事故死者数を1,000人削減（平成22年比）

将来の車両安全対策による交通事故削減のイメージ

縦軸：交通事故死傷者数　横軸：年

・衝突後被害軽減対策による削減
・医工連携の事故分析を反映した車両安全対策による削減
・予防安全対策による削減
・交通事故死傷者数
・救助・救急体制との連携などの医工連携による削減

を基礎に、技術の多様性を尊重しながら、透明なプロセスにおいて、科学的で効果と負担のバランスのとれた車両安全対策を策定するものであり（資料3）、サイクルには国際基準の策定やその導入も組み込まれる。

2点目の「性能基準の考え方」は、技術的にニュートラルなレギュレーションとするため、設計基準でなく性能基準とすることである。前述のサイクルにおいても技術の多様性を尊重しているほか、後述する国際基準も性能要件と試験方法によるのが原則である。例えば、ブレーキであれば、一定の速度においてブレーキを作動させた際の停止距離と停止時の車両姿勢などを要件とし、定められた方法による実車試験によって判定している。また、衝突時の乗員保護では、ダミー人形が受ける加速度などから評価される乗員のダメージを要件とし、衝突速度・角度、衝突バリヤの仕様などを規定した実車の衝突試験によって判定している。衝突試験の条件は実事故データなどの科学的な知見に基づき代表的な衝突事故モードを特定した上で定めている。これにより技術の多様性が尊重され、また従来の設計にとらわれない新技術に対してもオープンなレギュレーションとなる。

予防安全機能でも考え方は同じであり、衝突被害軽減ブレーキを例にすればカメラ、レーダ、レーザといったセンサの特性にかかわらず、定められた衝突のターゲット、衝突モードでの走行によって、システムにより必要な停止性能が得られるかどうかを判定しており、やはり実車試験が基本となる。

3点目の「対策ツール（方策）の多様化」は、「安全基準」に「新技術の開発・普及促進」と「ユーザーへの情報提供」を加えた3つの方策を有機的に連携させることである（資料4）。これは対象装置の普及が進んでいないなど、規制導入よりも普及促進を優先すべき状況があるからであり、この場合、先進安全自動車（ASV）計画により産学官が連携して新技術の開発・普及促進を図ることや、自動車アセスメント事業による安全性能評価によって、ユーザーが安全性の高い自動車を選択しやすい環境を整備、あわせてメーカーによる安全な製品の開発を促すことで、より効果的な安全対策をめざしている。

ASV計画（資料5）は1991年にスタートし、各期5年間で現在第6期目と

| 資料3 | ～これまでの安全基準の策定状況～ | 国土交通省 |

出典:平成29年11月第18回自動車安全シンポジウム国土交通省自動車局資料

● 車両の安全基準は、事故分析の結果、新技術の動向等を踏まえ、科学的で効果と負担のバランスがとれ、技術の多様性が尊重される形で、かつ、透明性をもって策定。

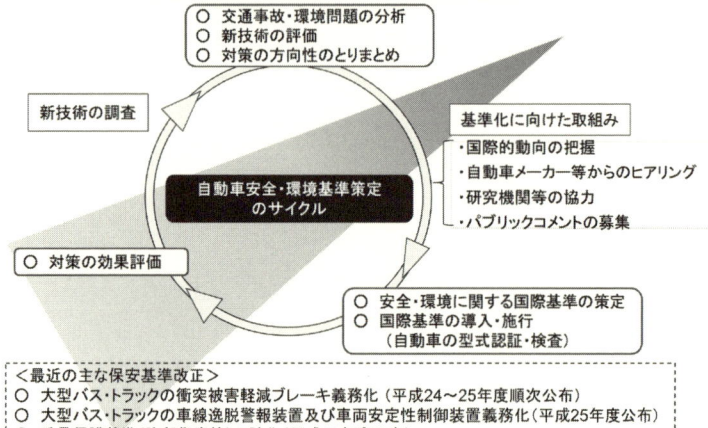

| 資料4 | ～車両安全対策の実施　3つの方策～ | 国土交通省 |

出典:平成29年11月第18回自動車安全シンポジウム国土交通省自動車局資料

🚗 安全基準、ASV、アセスメントの3つを有機的に連携させて、安全対策を推進。

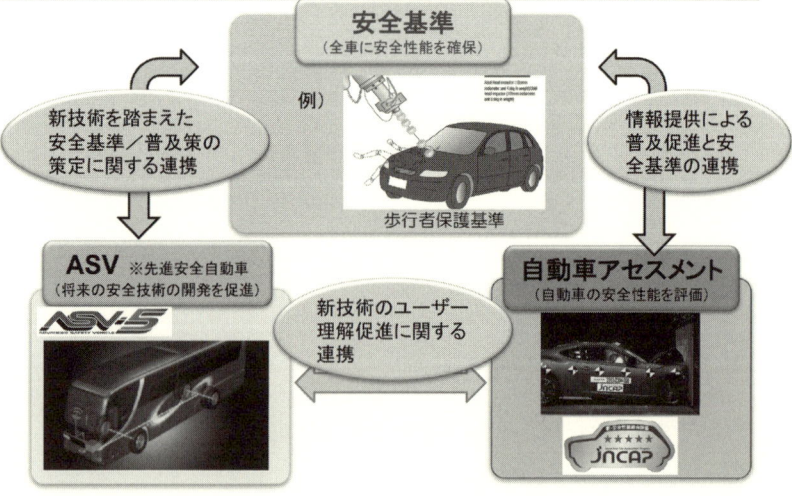

| 資料5 | ～先進安全自動車（ASV）推進計画～ | 国土交通省 |

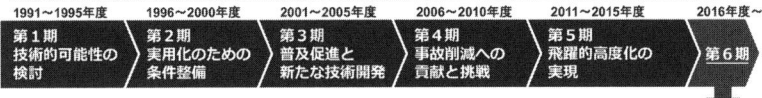

なっているが、主な検討項目として①自動運転を念頭においた先進安全技術のあり方の整理、②路肩退避型等発展形ドライバー異常時対応システムの技術的要件の検討、③ISA（Intelligent Speed Adaptation）の技術的要件の検討がある。技術的検討の結果は、ガイドラインとして、またASVの機能を持つ車両を対象とする補助金などのインセンティブとして活用される場合もある。

　また、自動車アセスメント事業（資料6）は1995年にフルラップ前面衝突試験などからスタートしており、2014年には予防安全性能評価として初めて被害軽減ブレーキ（対車両）と車線はみだし警報が追加されたが、その後の項目拡大においてはロードマップの公表により、新技術の導入・普及の見通し・方向性を示す役割も果たしている。

　このような規制以外の方策を用いることは欧米などでも一般的であるが、日本は3つの方策の有機的連携を図っており、これにより導入普及段階にある自動運転機能の効果が早期に発揮されることが期待される。

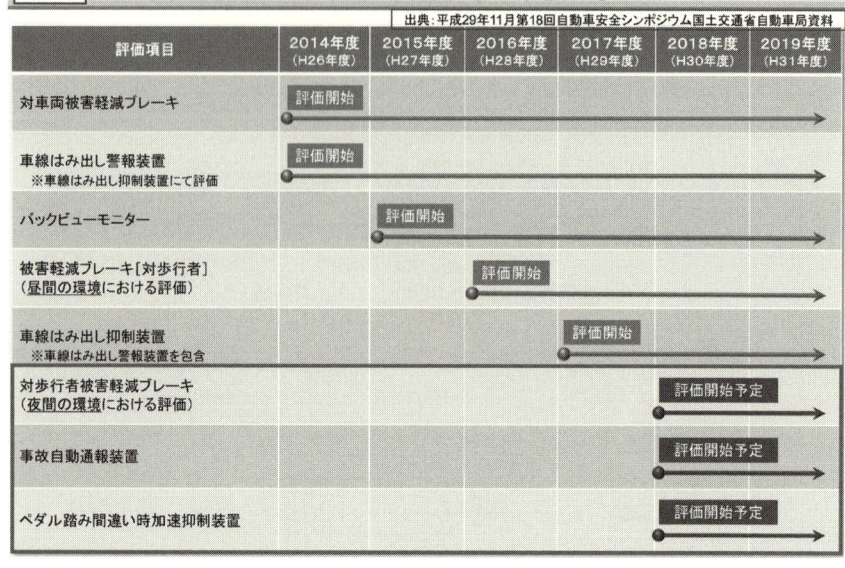

2. 自動運転のルールメーキング

　システムによる自動運転では、交通ルールの遵守、安全運転のための多種多様な監視、判断、操作がシステムに求められ、閉鎖空間で用いられるものを除けば、交通環境は一般車が混在し歩行者も通行する複雑なものとなる。ルールメーキングの基本は変わらないとしても、安全性評価はこれまでにない高度な課題となり、走行データ、事故データなど評価の基礎となるものの蓄積が必要である。また評価手法として実環境（Real World）での実車路上試験、多様な条件での評価のための高度なシミュレーションなども考えられるが、いずれも認証の手法としてはまだ一般的ではない。そのような評価手法の開発がまだ「交通環境にない車両」の技術開発と並行して求められる。

　これがどのように取り組まれるかについて現時点で明確にはわからないが、

資料7

<参考> X．安全性評価①

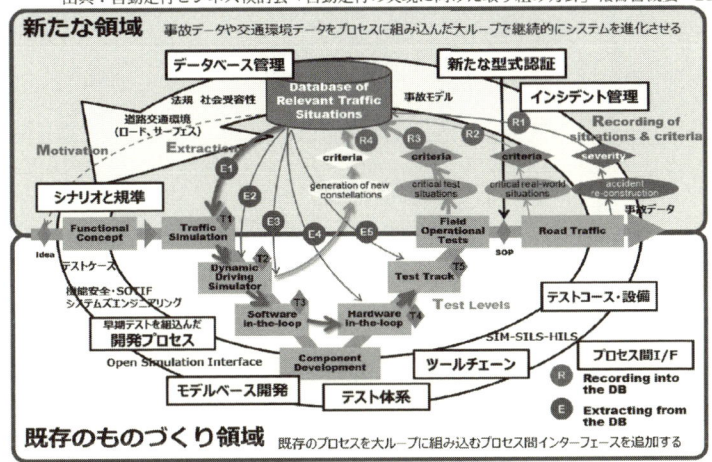

出典：自動走行ビジネス検討会「自動走行の実現に向けた取り組み方針」報告書概要　2018/3/30

例えばドイツの PEGASUS プロジェクトがめざす安全性評価手法（資料7）は、走行・事故データのフィードバックを評価プロセスに継続的に折り込んでいく仕組みのようである。これは開発ツールであって、同時に認証手法にも応用される可能性がある。一方、米国運輸省の道路交通安全局（NHTSA）は 2016 年 9 月に実証走行の安全確保を図るガイドラインを発表しているが、以降継続的に見直しが続けられ、2017 年 9 月に改訂された後は 2018 年にも改訂が予定される。これに従い開発企業は実証走行により技術開発とデータ収集を広範囲に続けている。蓄積されるデータはルールメーキングにおいても必要とされるものとなるであろう。中国でも大規模な実証実験など取り組みが進められているようである。

日本の自動運転のルールメーキングを簡単に表現すると、政府によるロードマップと、関係者の幅広い連携による、段階的な取り組みの中に位置付けられるものとするのがよいように思う。

資料8

官民ITS構想・ロードマップ2018

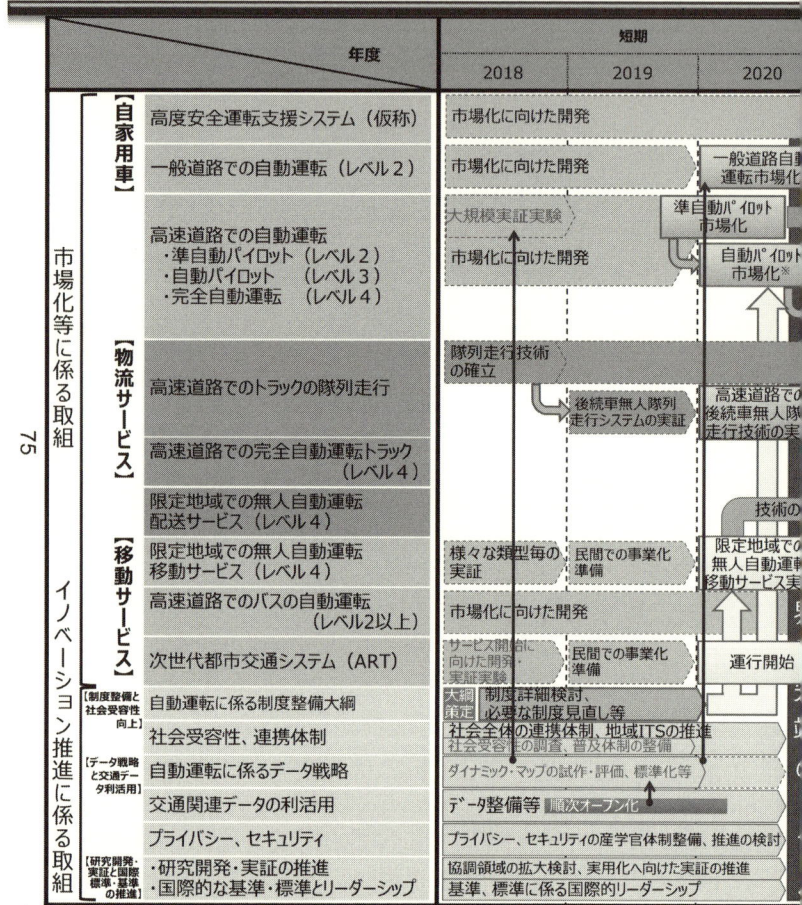

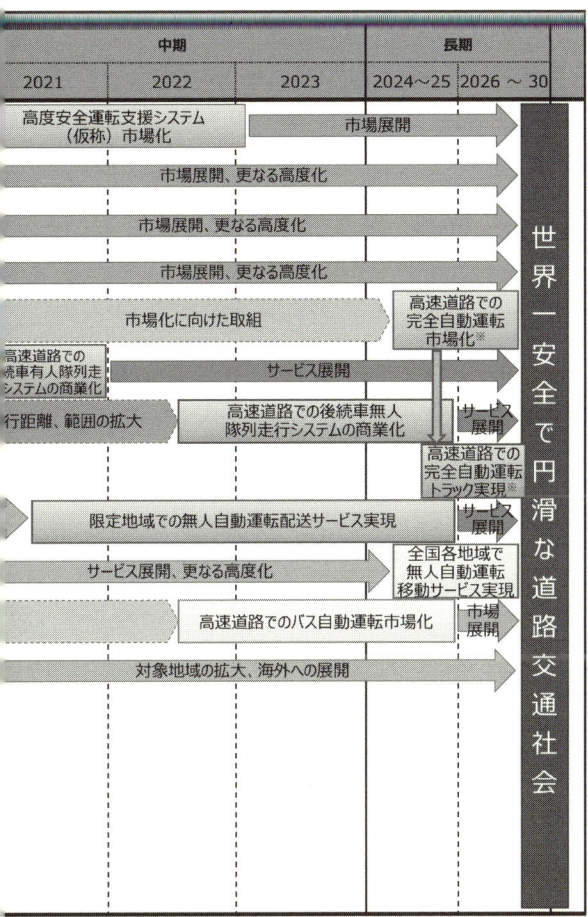

※民間企業による市場化が可能となるよう、政府が目指すべき努力目標の時期として設定。
遠隔型自動運転システム及びレベル3以上の市場化等は、道路交通に関する条約との整合性が前提。

出典：内閣官房IT総合戦略本部資料（2018/6/15）

平成30年（2018年）6月の「官民ITS構想・ロードマップ2018」（資料8）は、2020年以降2025年頃を自動運転車の導入初期段階と位置付け、公道において自動運転車と一般車が混在し、かつ自動運転車の割合が少ない「過渡期」を想定し法制度整備を進める「自動運転に係る制度整備大綱（2018年4月）」を踏まえている。

　これらに基づき国土交通省は、車両安全対策検討会における自動運転車両の安全性要件の検討を経て、「自動運転車の安全技術ガイドライン」を2018年9月に策定した。これは今後の国際基準策定動向などにより見直すとしている。基本的考え方においては、目標を「自動運転システムが引き起こす人身事故がゼロとなる社会の実現を目指す」とし、「自動運転車が満たすべき車両安全の定義を、『許容不可能なリスクがないこと』、すなわち、自動運転車の運行設計領域において、自動運転システムが引き起こす人身事故であって合理的に予見される防止可能な事故が生じないことと定め」車両安全要件を設定するとしている。安全性評価手法としてシミュレーション、テストコース又は路上試験の組み合わせによる検証を挙げる他、データ記録装置の搭載、ヒューマン・マシン・インターフェース（HMI）、サイバーセキュリティなど10項目が要件として挙げられている。

　内閣府がとりまとめる「戦略的イノベーション創造プログラム（SIP）」や経済産業省と国土交通省による「自動走行ビジネス検討会」においては、大規模実証実験、ダイナミックマップ、ヒューマン・マシン・インターフェース、サイバーセキュリティ、データベース整備、安全性評価などレギュレーションにもつながる研究開発が産学官、業界の枠を超えて取り組まれる。ISOやJISなど標準（規格）に関しても、自動走行ビジネス検討会により標準とレギュレーション（規則）の連携の場として自動運転基準化研究所を活用した取り組みが進められ、さらに自動車メーカー間でも日本自動車工業会において協調領域での戦略的な標準化が進められている。

3. レギュレーションの国際調和について

　グローバル化の進展により基準調和は当たり前になっているが、過去、レギュレーションは各国毎に策定されてきた。事故分析を基礎とするなど考え方が同じとしても、各国のレギュレーションを調和させるにはルールメーキング段階からの取り組みが必要である。レギュレーションの調和はユーザー、メーカー、行政それぞれにメリットがあり、安全・環境技術が高度化する中で、新技術導入に際して調和されたレギュレーションを採用することは合理的である。

　調和を進めるには議論の場と国際協定が必要である。日本は、80年代からEUや米国などと協力して調和活動に取り組み、国連傘下のUNECE WP29の正式のメンバーとなるとともに、1998年に「国連の車両等の型式認定相互承認協定（通称「58年協定」と呼ばれる）」に加盟した。現在では、自動運転も含め国際的ルールメーキングのリーダーシップを担う主要国の一つである。

　WP29（資料9-1）は、自動車基準調和世界フォーラム（World Forum for Harmonization of Vehicle Regulations）と呼ばれ、ジュネーブに本部を置く国連欧州経済委員会（UNECE）に置かれる。WP29の主な活動内容は58年協定などの管理・運営と協定に基づくレギュレーションの制定・改正作業であり、傘下に6つの専門分科会を有している。WP29には、協定加盟国の他、非加盟国や非政府機関（OICA（国際自動車工業会）、IMMA（国際二輪自動車工業会）、CLEPA（欧州自動車部品工業会）、ISO（国際規格協会）など）がオブザーバーとして参加する。日本自動車工業会は、OICAとIMMAのメンバーである。

　現在58年協定には日本の他、EUと欧州各国、オーストラリア、韓国、タイ、マレーシアなど54か国・地域が加盟している。58年協定に基づき策定される国際基準はUNレギュレーション（UN-R）と呼ばれる。58年協定は1958年3月にジュネーブで作成され、当初は欧州内の基準と認証制度に係る協定であったが、日本、EU、米国などが基準調和に取り組んだ結果、1995年10月に欧

資料9-1　国連(UNECE)における自動車の技術基準と、自動運転に係るルールメーキングの体制（改組前）

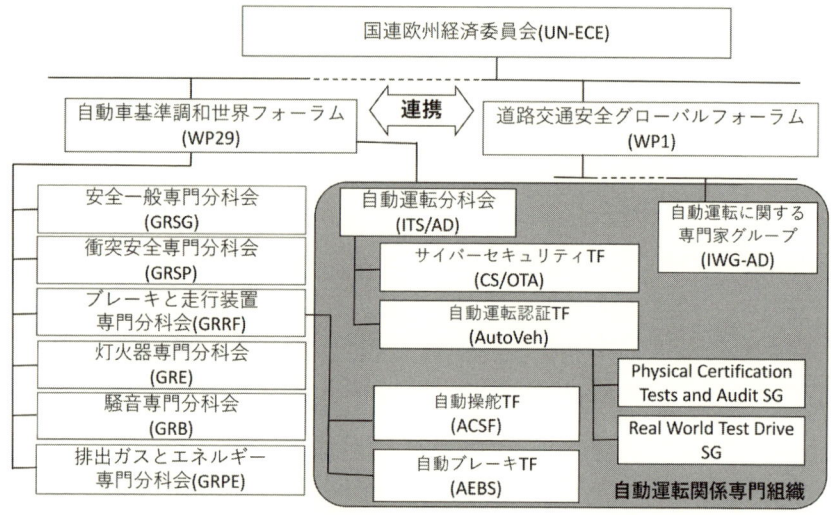

資料9-2　国連(UNECE)における自動車の技術基準と、自動運転に係るルールメーキングの体制（改組後）

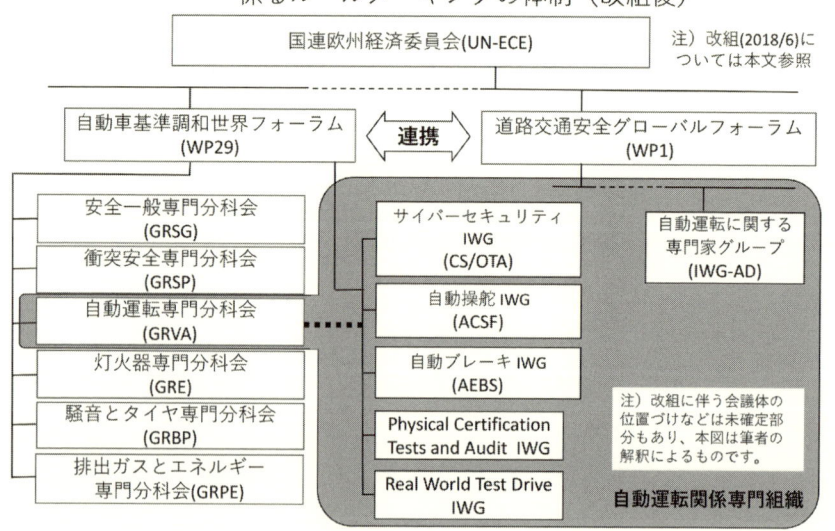

注）改組(2018/6)については本文参照

注）改組に伴う会議体の位置づけなどは未確定部分もあり、本図は筆者の解釈によるものです。

州以外の国が加盟するための改正が行われた。この間、日本は官民の協力により基準調和を進めるため、1987年に自動車基準認証国際化センター（JASIC）を設立するなど積極的に活動している。これにより日本、オーストラリアなどが加盟したほか、既に加盟していた欧州各国に加えEUも加盟した。米国も基準調和に取り組んだのだが、制度の考え方の違いなどから58年協定には加盟せず1998年6月に日本、EUなどとともに新たに「国連の車両等の世界技術規則協定（通称「98年協定」と呼ばれる）」を制定し、その後加盟した。

現在98年協定には36か国・地域が参加しており、日本の他、EUと欧州各国、オーストラリア、韓国、マレーシアなどが58年協定と98年協定の両方に加盟、米国、カナダ、中国、インドなどは98年協定のみに加盟している。なお、スイス、タイなどは58年協定のみに加盟している。

98年協定は58年協定と違い認証制度を含まないが基準調和の協定として重要であり両協定は補完関係にある。98年協定で成立した世界技術規則（UN-GTR）の規定内容が58年協定のUN-Rとしても成立すれば、58年協定に基づく相互承認も可能となる。今後もアジア諸国など新興国の基準調和への参加が期待され、WP29と両協定の役割は重要である。自動運転のルールメーキングに対しても、日、EU、ドイツ、イギリス、米、中国、韓国などが高い関心を示している。

なお、UNECEの会議体としては交通法規に係る国際協定であるジュネーブ条約とウィーン条約を管理・運営するWP1道路交通安全グローバルフォーラム（Global Forum for Road Traffic Safety）もある。WP1はWP29と連携しながら、2015年10月に自動運転分科会（IWG-AD）を設置するなどにより自動運転に係る検討を進めている。日本はジュネーブ条約に加盟しており、WP1には警察庁が参加している。ジュネーブ条約は「運転者は、常に、車両を適正に操縦し、……」、「車両の運転者は、常に車両の速度を制御し……」と規定しているので、システムが運転する場合にこれら規定との関係をどう扱うかが課題である。

4．WP29 における自動運転に関するルールメーキング

　WP29 では自動運転に係るルールメーキングのため、2014 年 11 月 WP29 本会議において「自動運転分科会（ITS/AD）」の設置が合意され、その後その下に「サイバーセキュリティ TF（CS/OTA）」が設置された。また、さらに WP29 傘下の専門分科会である「ブレーキと走行装置専門分科会（GRRF）」の下に「自動操舵 TF（ACSF）」と「自動ブレーキ TF（AEBS）」、自動運転分科会（ITS/AD）の下に「自動運転認証 TF（AutoVeh）」が順次設置されるなど体制が強化され、日本はこれら会議体において議長などを担いリーダーシップをとってきた（資料 10-1）。

　2018 年 6 月 WP29 本会議において、ブレーキと走行装置専門分科会（GRRF）を「自動運転専門分科会（GRVA）」に改組し、自動運転分科会（ITS/AD）の TF を傘下に移すなどの組織強化の改正が合意された。これにより自動運転分科会（ITS/AD）は役割を終える。（資料 9-2）（資料 10-2）

　これまでの自動運転に係る UN-R の策定状況は、①ハンドルを握った状態での車線維持が 2017 年 10 月発効（前述のとおり国内基準化）。②ドライバーのウィンカー操作を起点とする自動車線変更（高速道路上に限る）が 2018 年 3 月 WP29 において成立し、発効（10 月予定）を待っている。③ハンドルを放した状態での車線維持（高速道路上に限る）が 2019 年にも合意をめざし、ACSF において作業中、これはレベル 3 の基準となることが想定されている。今後さらにシステム ON 時に連続的に自動で車線維持、車線変更する機能（高速道路に限る）について審議されることになると見られる。また、サイバーセキュリティに関して 2017 年 3 月にガイドラインが成立しており、それを補足する具体的要件が検討されている。

　前述のように、まだ開発過程にあるレベル 3 以上を対象にしたシステムによる運転の安全性評価のレギュレーションは高度な課題であるが、今後新しい GRVA においてルールメーキングが本格化する。

資料10-1

WP29の自動運転関係会議体
（改組前）

会議体	初回会合	役職	主な担当内容
自動運転分科会（ITS/AD）	2014年12月	議長：日、英	自動運転基準の方針
サイバーセキュリティTF（CS/OTA）	2016年12月	議長：日、英	サイバーセキュリティ・データ保護
自動運転認証TF（AutoVeh）	2018年3月	議長：英（SG議長：日、蘭）	自動運転に係る認証制度
自動運転専門分科会（GRRF）		議長：英 副議長：日	ハンドル、ブレーキ等の基準（自動運転を含む。）
自動操舵TF（ACSF）	2015年4月	議長：日、独	自動で行うハンドル操作機能の基準
自動ブレーキTF（AEBS）	2017年3月	議長：日、EC	乗用車の自動ブレーキ基準

資料10-2

WP29の自動運転関係会議体
（改組後）　注）改組(2018/6)については本文参照

会議体	初回会合	役職	主な担当内容
自動運転専門分科会（GRVA）	2018年9月	議長：英 副議長：日	自動運転に関する基準（自動運転以外のハンドル、ブレーキの基準を含む。）
サイバーセキュリティIWG（CS/OTA）	2016年12月	議長：日、英	サイバーセキュリティ・データ保護
自動操舵IWG（ACSF）	2015年4月	議長：日、独	自動で行うハンドル操作機能の基準
自動ブレーキIWG（AEBS）	2017年3月	議長：日、EC	乗用車の自動ブレーキ基準
(自動運転認証TFは廃止。SGの位置づけ未確定。)	－	(SG議長:日、蘭)	(自動運転に係る認証制度)

先に引用したプレスリリースは単に「車線維持支援機能に関する国際基準を導入します」とあるが、これは日本が主体的に参加して策定されたレギュレーションを導入するということである。グローバルに機能するレギュレーションのルールメーキングには世界各国の状況を反映させる必要がある。各国が協力して交通事故実態や技術動向を共有し、技術の多様性尊重などの共通理解を持って議論を重ねていくことが求められる。WP29はそのような目的意識を持つ各国の安全・環境当局が協力しルールメーキングのグローバル・サイクルをまわしていく場である。

　一方で自動運転に対する各国の関心の背景には、安全・環境政策だけでなく交通、産業を含む各国の課題があり今後も活発な議論が予想される。この中で日本がルールメーキングの基本的考え方を尊重し、世界レベルでの安全性向上にリーダーシップを発揮し、事故・交通の実態と自動車技術の発展に向けた日本の立場を反映していくことはとても重要であろう。

　2018年6月の車両安全対策検討会資料では、「これまでも日本が議論を主導してきた国連における国際基準づくりにおいて、ガイドラインに示した我が国の自動運転車の安全性に関する考え方や安全要件を反映させ、我が国の優れた自動車安全技術を世界に展開する」とされている。

5. 自動運転の段階的な導入と自動運転のレベル

　既に述べようにルールメーキングは技術開発と並行しながら進められるが、さらに交通法規や保険制度などの制度整備、責任関係のあり方、道路や通信などのインフラ整備、社会受容性の確保と社会実装の進展とも並行しながら、安全性向上をはじめとする課題解決に向けて段階的に取り組まれることになる。責任関係や通信などに対するユーザー、社会の理解形成は、レギュレーションとともに自動運転の実用化にとって重要な課題である。

資料11 〜自動運転の定義〜　国土交通省

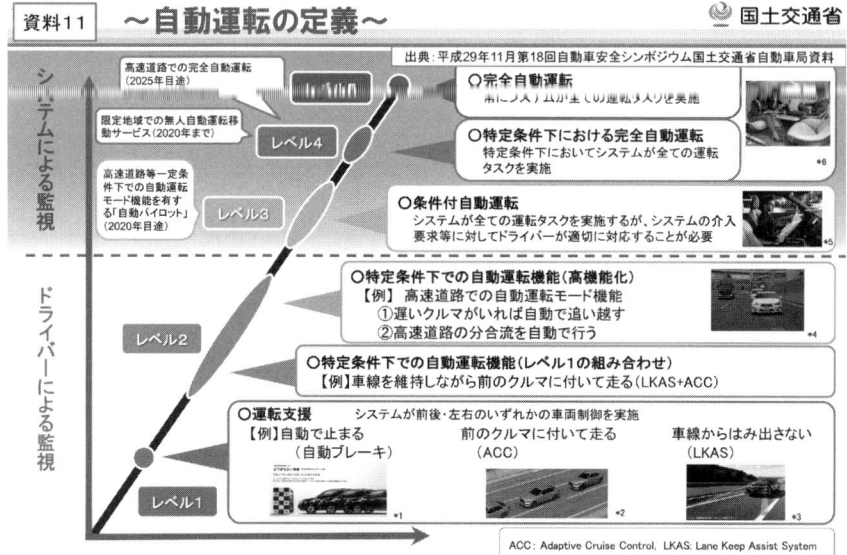

官民ITS構想・ロードマップ2017等を基に作成　*1（株）SUBARUホームページ　*2日産自動車（株）ホームページ　*3本田技研工業（株）ホームページ　*4トヨタ自動車（株）ホームページ　*5 Volvo Car Corp.ホームページ　*6 CHET JAPANホームページ

　自動運転の段階に関し、ロードマップなどでは自動運転のレベル1から5の概念（資料11）が用いられるが、これは米国の標準団体であるSAE International（Society of Automotive Engineers）のJ3016（2016年9月）の定義によるものであり、SAE規格は自動車の技術標準の一つである。

　レベル2以下では常に運転者が運転の責任を負っており、レベル3以上でのシステムによる運転の場合と異なる。このことについて、例えば2016年7月6日の警察庁と国土交通省のプレス資料では、同年5月の米国での運転支援機能を持った車両による事故に関連し、「現在実用化されている『自動運転』機能は、運転者が責任をもって安全運転を行うことを前提とした『運転支援技術』であり、運転者に代わって車が責任をもって安全運転を行う、完全な自動運転ではない」と注意喚起し、レベル2まではあくまで運転者責任であり、明確に自動運転と運転支援が違うとしている。

　レベル3ではシステムによる運転が備わるが、システムの介入要求に対して

運転者が対応する必要があり、システムの運転時に運転者が行える「運転以外の行為」＝「セカンダリ・アクティビティ」の範囲が課題となるが、これはユーザーにとってレベル3の意味を理解する上で重要になる。現在、道路交通法に関する警察庁の調査検討やWP1での議論、また、運転者のモニタリングやコミュニケーションの機能であるヒューマン・マシン・インターフェースの技術開発が進められている段階で、レベル3がどのような形で実現されるのかは議論中であり、「控えめな例」と言えるかどうかもわからないが、渋滞の高速道路上で車両の備え付け画面を使ってインターネットのサービスを安心して使えるとしたら、魅力的に思うユーザーもいるのではないか。

　レベル4は、特定の走行環境に限ってシステムが全ての運転を行うもので、まずは限定地域での移動サービスなどがめざされる。レベル4ではシステムが機能し得る条件＝限定領域（ODD：Operational Design Domain）が重要である。これは走行する場所、速度、気象状況、交通状況などの限定であり、例えば他の車両や歩行者の通行が遮断された道路において走行速度を低速に限定すれば、採用される技術が補われ、技術上のハードルはかなり下げられる。一方で、魅力あるサービスを提供できるか、必要な走行環境が確保できるかなどサービスの質が重要となる。現在、さまざまな実証実験が各地で取り組まれモニターなどによる評価が行われている。サービスが向上し、利用者や地域に理解されていけば事業性も向上する。地域に則した取り組みが進められることがカギではないだろうか。

　今後、技術や利用の多様性から「自動運転」と呼ばれるものが様々な形で世の中に出ていくと思われる。このとき「自動運転」という言葉のイメージがあいまいになり、機能への誤解や過信とならないよう注意が必要である。「レベル」は技術開発や制度整備の課題を理解する上で必要な概念であるが、ユーザーやサービス利用者からはわかりにくい。具体的なシステムやサービスにおいて「何ができ、何ができないのか」、「運転者などが責任を持って行うべきことは何か」などをわかりやすくすることが課題であり、ユーザー、サービス利用者や地域においては「機能に何を求めていいのか」を正しく理解することが

重要になる。

おわりに——自動運転のめざすもの

　レギュレーションのルールメーキングとそれに関連する自動運転の取り組み状況などを現在の視点からご紹介してきたが、自動運転がめざすもの、自動運転技術によって実現される未来はどのように考えられているのか。最後に、これからのモビリティを理解するための「未来からの視点」の一例として、日本の自動車業界の取り組みをご紹介したい。

　日本自動車工業会は、2020年の東京オリンピック・パラリンピックに向けた取り組みとして、「中長期モビリティビジョン」（資料12）をまとめており、その中で「2030年には、飛躍的に進化したモビリティ社会を実現する」としながら、モビリティ社会のイメージを「誰もが安全・安心して過ごせる世界」、「緑と笑顔にあふれた世界」、「クルマも、人も、モノも自由に行き交う世界」、「暮らしに『感動』をもたらすモビリティ社会」という4つの世界にまとめている。自動運転だけではないモビリティの普遍的ミッションとして、「安全性の向上」、「環境負荷低減」、「移動の効率性向上」、「移動の自由度確保」、「情緒的価値の創造」を挙げながら、日本の社会像や国土構造・交通体系の変化に自動車業界として対応していくため、「ITS・自動運転」、「電動化」、「コネクテッド」、そして「プロダクトに加えてサービスも」、「クルマを超えてモビリティを」に取り組み、未来からの視点をもって「人間の能力限界をテクノロジーで突破」し、さらに「ハードの改善を超えてソリューションを提供」することに挑戦する、これまでもモビリティ進化を通じ「感動」を届け続けてきたように、「暮らしに『感動』をもたらすモビリティの未来に挑戦し続けます」、としている。

　この未来の視点を現実のものとして提示すべくSIPなどとも連携して、2020

年の東京オリンピック・パラリンピックの機会をとらえ、羽田空港、臨海副都心とこれらをつなぐ高速道路を舞台とするショーケース（実証実験）が計画されている。なお「中長期モビリティビジョン」は2017年の東京モーターショウの際に動画としても表現されており、日本自動車工業会のサイトで紹介されている。

　自動運転のレギュレーションの国際的なルールメーキングを巡る動きをご紹介してきたが、大事なことは社会のしくみ、ルールや社会の理解によって、安全で、誰もが享受できるモビリティ社会の実現につながる自動運転にしていくことではないか。

[参考文献]
「第 18 回自動車安全シンポジウム」 高齢運転者による交通事故防止対策について（平成 30 年 11 月　国土交通省自動車局）
「交通安全基本計画」 交通事故のない社会を目指して（平成 28 年 3 月 11 日　中央交通安全対策会議）
「交通事故のない社会を目指した今後の車両の安全対策のあり方について」（平成 28 年 6 月 24 日　交通政策審議会陸上交通分科会自動車部会
自動走行ビジネス検討会「自動走行の実現に向けた取組方針」Version2.0（平成 30 年 3 月 30 日　自動走行ビジネス検討会）
「官民 ITS 構想・ロードマップ 2018」（平成 30 年 6 月 15 日　高度情報通信ネットワーク社会推進戦略本部・官民データ活用推進戦略会議）
「自動運転に係る制度整備大綱」（平成 30 年 4 月 17 日　高度情報通信ネットワーク社会推進戦略本部・官民データ活用推進戦略会議）
「戦略的イノベーション創造プログラム（SIP）　自動走行システム　研究開発計画」（2018 年 4 月 1 日　内閣府　政策統括官（科学技術・イノベーション担当）
「中長期モビリティビジョン」一般社団法人　日本自動車工業会　JAMA

第6章
中国における運転支援システム装備の現状と将来計画

小林英夫

はじめに

　本章は中国での運転支援システムの現状と将来を検討することにある。運転支援システム問題はアメリカやヨーロッパを中心とした自動車先進国の問題であると考え、先進国での動向に注目している傾向がみられるが、中国ローカル企業が、高性能のPHVやそれに最新鋭の運転支援システムを搭載しているという事にも注目する必要がある。実は、中国政府が掲げる「中国製造2025」の「重点10分野」の一つがスマート自動車生産を含む「省エネ・新エネ自動車（NEV）」であることに見られるように、今や中国は自動運転問題を考えるときには"台風の目"となってきており、いまでは中国はスマート車大国のひとつなのである。中国は、2012年から2018年まで補助金政策で市場をリードしEV企業を助成し、2019年以降はNEV販売を促進するため販売台数を義務づけるEV化促進政策を2018年9月に発表した。中国政府は、EVを含むNEVの生産を2020年には累積500万台まで増やす計画だという。その一環で、2017年4月には自動運転化を含む中国自動車産業の強化を打ち出している。

　この間の中国政府の方針を見ると、中国政府は、EV化や自動運転化の問題を最重要政策課題に組みいれて取り組んでいる。理由は言うまでもなく深刻化する都市環境問題の悪化への対応策がある。中国は、この問題をEVで解決しようとしている。もっと言えば将来、原発依存で解決しようとしているのであ

る。EV自体はCO$_2$を出さないが、その発生源がCO$_2$を出していればいくらEVがクリーンであってもマクロ的にみれば地球環境改善には大きな意味を持たない。原発は事故発生時の危険性は巨大だが、CO$_2$発生という意味では石炭、石油と異なりクリーンである。EVは原発大国フランスや水力発電王国北欧、そしてこれから原発大国をめざす中国にとっては、うってつけのクリーンな輸送手段なのである。しかもこれによって原油輸入量が減少するとなれば、これらの国々にとっては環境問題解決、貿易収支解決の一石二鳥の効果を期待することができる。これに加えて中国政府が、環境問題に真剣に取り組む姿勢を世界に示すことは、環境問題に消極的な米トランプ政権への批判となるわけで、この政治的狙いを含めば一石三鳥となる。しかも運転支援システム問題はこのEV化と密接に結びついている。元来運転支援システムは化石燃料車よりEVと相互親和性を持っており、したがって連携・普及しやすく、しかも新分野の技術ゆえに先進の欧米日韓企業にキャッチアップしやすい位置取りとなっている。つまりは、一気に先進企業との技術ギャップを埋めるチャンスなのである。しかもこの間IT化とともに中国には国際競争力を持つEVや自動運転の企業が確実に成長してきているのである。BYD、奇瑞、長城などの民族系中国企業のみならず百度、海馬、蔚来、奇点、正道など新興のEV関連企業が目白押しで、これらの新興中国企業がこの分野への参入を目指しているというのも中国政府にとってはEV化、自動車強国化の願ってもない動きだといえるのである。

　EVや運転支援システムの問題は、先進国の自動車メーカーが考える問題で、中国のメーカーはまだそうした段階には達していない、などと考えているとたちまち中国の新鋭新興企業に成長著しい中国をはじめとするEV市場を席巻されるなどということが起こりかねない現状にあることを我々は認識しておくべきだと考える。

　我々自動車研究者が一番気にしなければならないのは、EV化がどこまで進むかとともに、運転支援システムがどこまで進むか、なのである。おそらくEV化は、長短の予測の違いがあれ、ここ数十年かけてEV、化石燃料車の両

者の競争が並列化して進行することとなろう。ところが運転支援システムは、一気に進行する可能性があるのである。しかもこの動きはクルマの利用方法を含めて製造だけでなく販売やマーケティングにまで大きな影響を与え、カーメーカーと部品メーカーの競争力を一気に激変させる可能性を秘めているのである。そうした意味ではEVもさることながら、運転支援システムの進行のほうが社会の近未来の動向へ与える影響は強烈であり、社会の仕組みを変えてしまうという意味では自動車産業に与える影響は「革命的」であるとすらいえるのである。トヨタがこの点に留意して新たに愛知県豊田市・岡崎市に新研究開発施設の設立を急ぐ理由でもある(1)。しかし、この運転支援システムの推進にもっとも熱心でかつ政府、民間企業ともに積極的な国が中国なのである。

1．自動運転研究の現状──中国を中心に

まず、中国での自動運転研究の現状を見ておくこととしよう。表1は1990年以降2018年までの自動運転関連の中国語の著作・論文点数の推移である。雑誌論文の動向を見れば、2012年を契機に2018年まで急増を遂げていることが判る。こうした論文増加の背後には2012年に中国政府が「新エネと新能源自動車産業発展計画（2012 - 2020）」を発表、新エネ車（NEV）の概念規定を明確にすると同時に、2015年には「中国製造2015」を打ち出し、自動運転問題を中国自動車産業発展の柱の一つに位置付け、2016年にはその「ロードマップ」を示したことがある。こうしたことがバックにあって、論文が増え始めたのであろう。著作に関しても同じことが指摘できる。2016年から2018年にかけて漸増を示すのがその証左である。しかし、ここで問われるのは、著作の内容であろう。ここでは中国で出版された自動運転著作の代表例として李(2016)と熊・農・薛(2018)を取り上げることとしよう。

李の著作は『スマートドライビング100問』というタイトルが示すように、スマートドライビング（無人運転）の実現が、人類社会に与える影響、交通事

故や交通環境改善の可能性、一般家庭への導入時期、専業運転手への影響、IT産業が自動車産業を蚕食してしまうのか、それとも自動車産業を高度化させるのか、無人化技術の発展方向などに関し100個の問題を整理して設問に応えるスタイルをとっている。いわば、無人運転に関する事典だと言ってよかろう。

　熊・農・薛の著作『測量・製図・地理情報がもたらす自動運転』は5部構成で巻末付録を含めて全体6部構成からなっている。第一部「自動運転のグローバルな発展過程」では自動運転の概略、歴史、技術、インターネット企業や自動車メーカーの動きが論じられる。第二部「自動運転と測量・製図・地理情報の相互関係」では自動運転にとって高精度地図や高精度測位サービスが不可欠であることが論じられる。第三部「測量・製図・地理情報が支える自動運転実践の進展」では米・英・日を事例に自動運転に対する測量・製図・地理情報関連政策を論ずると同時にグーグルやウーバーの企業動向が紹介される。それらを踏まえて中国での関連政策や百度、高徳といった企業活動が紹介されている。第四部「自動運転が我が国の測量・製図・地理情報管理業務のもたらす新たな挑戦」ではナビゲーティブデジタルマップ（NDM）情報保護の処理技術、測量・製図基準の情報サービス方式、伝統的NDMの生産モデル、地理情報の安全保護制度の構築、測量・製図・地理情報の監督管理方法の課題などが論じられる。第五部「自動運転に資する測量・製図・地理情報関連の構想」では、自動運転の発展に必要な測量・製図・地理情報について、加速的に行うべきものとして、NDM情報保護の処理技術刷新の促進、現代の測量・製図・地理情報の安全監督管理方法の刷新が示される。さらに、自動運転に関する業界間の関係調整や国家の役割に関しても論じられる。そして最後の巻末付録では法規・基準の抄録が収められている。

　以上、代表的な2冊の自動運転に関する著作を紹介したが、社会科学的分析の著作というよりは、自動運転に関する紹介書もしくは事典といった内容のものが中心であるということができよう。

表1 研究著作論文数の推移

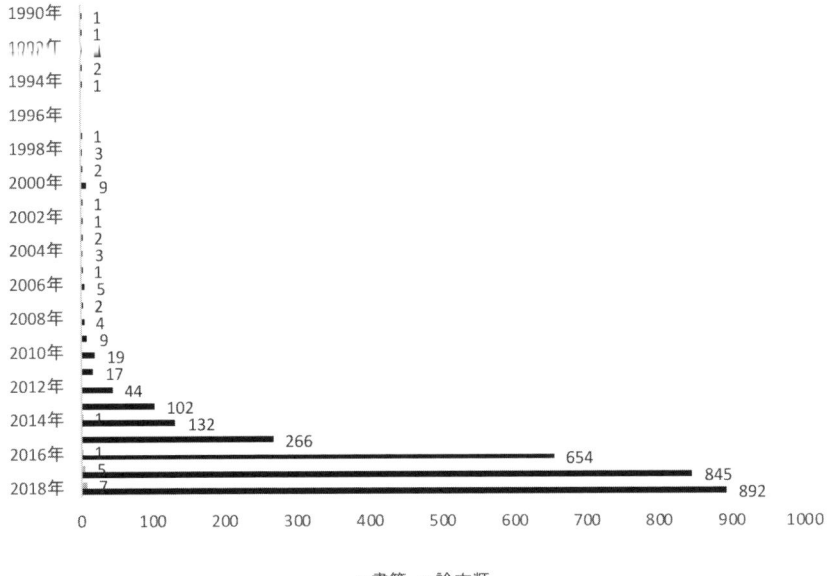

出典:中国学術雑誌データベース(CNKI)より石岡亜希子作成。

2. 中国政府の「青写真」

　著者は先ほど中国政府は EV 車や運転支援システム問題の取り組みにこれまでになく真剣だと述べた。社会主義市場経済を進める中国政府は、「2025 年」までに先端技術の世界水準達成を目標に計画経済を進める一環として自動車産業の発展をリードしてきたわけだが、ここにきて一気に自動車産業の再編速度を加速度化させた感が強い。中国政府が政策推進を加速度化させたわけは、冒頭に挙げた理由のほかに、近年中国の自動車産業が確実に実力をつけ始めていることがある。中国の国営、民営自動車企業は外資企業の買収や技術交流を通じ、車体生産の部分ではかなり技術格差を埋めてきた。しかし残された課題としては、駆動系部品の生産のレベルアップと IT 系部品産業の拡充・強化があ

表2　中国自動車産業中長期発展計画の概要

6つの指標	2025年
コア技術の獲得	・中国主要エコカー企業の世界シェア拡大 ・スマートカーの世界トップ水準の達成
裾野・部品メーカーの育成	・中国部品メーカー複数社の世界トップ10入り
完成車ブランドの育成	・中国ブランド（生産販売台数）の世界トップ10入り
新市場の育成	・自動車産業に占めるアフターサービスの割合を55％超に
グローバル展開	・世界市場における中国ブランドの知名度向上
エコ水準の向上	・平均燃費で乗用車100km当たり4l ・商用車排ガス基準国際レベルの達成

出典：「日本経済新聞」（2017年5月16日）

る。これが達成できれば、縮まりつつある中国と外資系企業の両国企業の技術差は一気に狭めることが可能となる。

　中国政府の自動車政策の将来ビジョンを指し示した2017年4月発表の「自動車産業中長期発展計画」（以下、「中長期発展計画」と省略）は中国政府の願望ともいえる意図を表現したものに他ならない。中国政府の強い願望は、これが中国工業和信息化部、国家発展改革委員会、科学技術部の連名で発表されたことにもその一端が表現されている。国家発展改革委員会は中国の計画経済を中長期的に指導する機関であり、科学技術部は中国の科学技術活動を統括指導する機関である。そして中国工業和信息化部は、国家発展改革委員会の工業部門を継承して2008年にIT関連を含む中国科学技術を指導するために新設された機関である。この「中長期発展計画」は中国の科学技術関連三大機関が連名で出した中国政府の自動車産業総合発展計画であると位置づけられよう。表2によってその内容をごく簡単に紹介すれば、その目的は、モーターやモーター制御、バッテリーなどのEVのコア技術を獲得し、トップレベルの部品企業を育成し、もってEV、プラグインハイブリッド車、燃料電池車といった中国政府が規定する新エネルギー車の発展を進めることで、中国ブランド車や中国自動車産業全体の国際競争力を養い、中国自動車産業を名実ともに世界一に成長させる点にある。同中長期計画が多岐にわたる論点を提示しているが、その中

心は、新エネルギー車技術の開発とコネクテッド技術の発展にある。なかでも同中長期計画が、コネクテッド技術の開発に重点を置いた点は注目される。具体的には、「2020年までに DA（運転補助）、PA（部分自動運転）、CA（条件付き自動運転）システムの新車搭載率計50％の達成、コネクテッド式運転補助システム搭載率10％の達成、スマート交通の実現を目指す。2025年までには、DA、PA、CAシステムの新車搭載率計80％達成、うち PA と CA の新車搭載比率を計25％に到達させ、高度完全自動運転車の市場投入を始める計画」だという。

また中国政府は、ICV（Intelligent Connected Vehicle 次世代車）の試験区として、北京、上海、重慶、杭州、長春、武漢の6都市を指定し、2035年を目標に北京の南西約100キロの河北省「雄安新区」に自動運転の新都市の建設を計画、上海には近郊「安亭地区」に同様のスマートシティの建設を計画し、その建設をスタートさせている。「雄安地区」の最終的な広さは東京都に匹敵する約2,000平方キロで、将来人口は200万人以上で、総投資額は2兆元、約25兆円を予定しているという。中国政府は、北京周辺、合肥、杭州、深圳の4つの重点産業経済特区を設定、合肥は音響認識の科大訊飛が、杭州はスマートシティのアリババが、深圳は医療映像のテンセントが、そして北京周辺は百度が自動運転技術をリードする構想を推し進めているという。中国政府は2018年7月にはドイツと自動運転分野でハイレベルの交流・協力関係を進める声明を発表し、自動運転技術での中独協力関係を鮮明にした。

3．中国での運転支援システム技術の展開

（1）中国自動車企業各社の運転支援システム装備の現状

2018年時点での中国での運転支援システム装備の展開過程を見ておこう。

表3 自動運転システム一覧
① ACC（アダプティブ・クルーズ・コントロール適合的走行調節）
② LDW（ラインデバチャーウオーミング　車線逸脱警報装置）
③ LKA（レーンキープアシスト車線維持補助）
④ FCW（フロントコリーションウオーミング前方追突警告）
⑤ AFS（アダプティブフロントライティングシステム　適合的前方照明）
⑥ NVS（ナイトビジョンシステム夜間照明）
⑦ PPS（パーソンプロテクチングシステム歩行者保護システム）
⑧ AEB（自動緊急ブレーキ）
⑨ APS（自動駐車システム）
⑩ BSD（ブラインドスポット検知）
⑪ SVA（サイドビューアシスト）
⑫ DMS（ドライバーモニターシステム）

出典：フォーイン『中国自動車調査月報』2017年4月

　現在、中国で展開されている運転支援システムを一覧表にしてみると表3のとおりである。一応、大きく（1）車線、車間維持、追従、（2）歩行者衝突回避、（3）自動駐車の3種類に分けてその装備状況を見ておこう。運転支援システムは、欧米では1990年代末から徐々に広がり始めたが、中国では2010年代以降急速に広がりを開始した。中国での交通事故死亡率が、欧米日を大きく上回ることを考えれば、そうした運転補助システムの必要性は先進欧米日市場以上に広がってしかるべきだが、実際に装備され始めたのは2010年以降のことである。それも①や②といった車線、車間維持、追従から緊急停止へと進み、さらに⑦のような歩行者衝突回避から⑨の自動駐車へと進んできているといってよいだろう。全体的レベルで見れば、現状では運転者支援のレベル1が中心となっているが、そんな中で⑧と関連してレベル2段階の自動駐車システムが登場し始めている、というのが現段階だと考えていいだろう。
　では主要各社の自動運転装備状況の現況を概観しておこう。以下の表は、中国系、日系、欧米韓系メーカーの運転支援システム装着状況を一覧表にしたものである。全体としていえることは、運転支援システム装置に対する取り組みは中国系が積極的であることである。表4は中国系メーカーの動向だが、各社ともに積極的に運転支援システムの導入に努めていることが判ろう。それと比

表4 中国系自動車メーカーの運転支援システム装備状況

		①ACC	②LDW	③LKA	④FCW	⑤AFS	⑥NVS	⑦PPS	⑧AEB	⑨APS	⑩BSD	⑪SVA	⑫DMS
第一汽車 (紅旗)	H7	○	○		○		○		○				○
	B	○	○		○	○							
上海汽車 (栄威)	e950,RX5			○			○						
東風汽車	AX7,AX5									○	○		
東風風神	A9						○						
長安汽車	睿騁	○	○		○						○		
広州汽車 (伝祺)	GS8	○	○						○		○		
長城汽車 (HAVAL)	H8,H9												○
	H7			○	○				○		○		
奇瑞汽車	端虎7			○	○						○		
吉利汽車	博越	○			○		○						
BYD	秦											○	○

出典：フォーイン『中国自動車調査月報』2017年4月を基に作成

表5 日系自動車メーカーの運転支援システム装備状況

		①ACC	②LDW	③LKA	④FCW	⑤AFS	⑥NVS	⑦PPS	⑧AEB	⑨APS	⑩BSD	⑪SVA	⑫DMS
トヨタ	レビン、カローラ		予定						予定				
ホンダ	CR-V,UR-V, SPRDR,エリシオン	○	○						○				
日産	ティアナ、ムラーノ					○			○				

出典：トヨタ自動車、広州本田、東風本田、東風日産ホームページ

表6 欧州、韓国系自動車メーカーの運転支援システム装備状況

		①ACC	②LDW	③LKA	④FCW	⑤AFS	⑥NVS	⑦PPS	⑧AEB	⑨APS	⑩BSD	⑪SVA	⑫DMS
上海VW	ティグアン				○								
一汽VW	マゴタン、ゴルフ										○		
アウディ	A4L										○		○
メルセデスベンツ	Eクラス	○		○					○	○			
東風プジョー	3008				○								
東風シトロエン	C4L			○									
北京現代	エラントラ		○										
	サンタフェ			○					○				
東風起亜	K9,ソレント	○											

出典：上海大衆、一汽大衆、一汽奥迪、北京ベンツ、東風プジョー、東風シトロエン、北京現代、東風起亜HP

較すると表5に見るように日系自動車メーカーの取り組みは各社ともにそれほど積極的ではないことが判る。では欧州・韓国系はどうかといえば、表6に見るようにメルセデスベンツのEクラスを除けば、中国系ほど積極的ではない。したがって、本章では、主に中国系自動車メーカーに焦点を合わせながら、そ

の装備状況の今後の進展状況を見ておくこととしたい。

(2) 中国自動車企業各社の運転支援システム装備の将来計画

　中国自動車企業各社の運転支援システム装備の現状は、表4で述べたとおりだが、将来展望という点で各社の今後の動向をみると運転支援システムの導入計画は目白押しである。次に主要中国系自動車メーカーの動きを概観しておこう。

ⅰ) 中国系企業の将来計画
　まず中国を代表する国営汽車の一汽だが、今後はインターネット検索サービス大手の百度と自動運転、コネクテッドカーの開発で戦略提携する計画だという[6]。また、一汽と並ぶ国営汽車の上海汽車は、華為、チャイナモバイルと5Gを活用した自動車開発を進める予定であり[7]、さらに2017年1月には5GAAに正式加盟し、これまた華為、チャイナモバイルと共同で、車車間通信・路車間通信の開発を押し進める予定だという[8]。また、国営汽車の東風も今後は運転支援システムの開発に関しては、華為と人工知能車開発を進める予定だという[9]。一汽、上海、東風の国営自動車3社は一斉に運転支援システム高度化の開発を発進させていることがわかる。そしてその相手も華為、チャイナモバイルに集中している。
　次に長安汽車を見ておこう。同社の将来計画を見るとこの分野でのプランは精力的である。2016年4月に同社は運転支援システム車が総距離2,000kmのテスト運転に成功したが、2018年には高速道路での自動運転実験を実施予定だという。また同社はコネクテッド分野の開発では、EVベンチャーのNext EVや科大訊飛、百度と提携して計画を推し進める予定だという[10]。また、自動運転に不可欠であるAIの開発に関しては今後10年に約210億元の投資を行う予定だとしている[11]。また、さらに同社は、米・インテルとレベル4（高度自動運転レベル）の自動運転車開発を実現するために2017年上海モーターショーで

インテルと戦略的協業に関して調印を行った。⁽¹²⁾現状ではレベル３でもいまだ実験段階にあるのに一挙にレベル４への道を協議するというのは、いささか宣伝的臭い匂いを感ずるが、その方向性と意欲は理解できよう。

また、広州汽車も米・シリコンバレーにR&D施設を開設する予定で、同施設では運転支援システムやコネクティビティ関連技術などの開発を行う計画だという。⁽¹³⁾

次に中国の民族系の自動車企業の将来計画の動きを見てみよう。

まず長城汽車だが、将来計画として長城汽車はルネサスエレクトロニクスと新エネルギー車（NEV）と自動運転車に関するインフォテインメントシステムの技術開発などを進める計画だという。⁽¹⁴⁾

次に奇瑞汽車を見てみると、同社は中国の百度と連携の覚書を交わし、2021年を目安に自動運転車を投入する予定だというし、またIoV（自動車のインターネット）についても連携を行う予定だという。⁽¹⁵⁾また、奇瑞汽車は、2017年3月、科大訊飛と提携し2018年よりCloudriveというコネクテッドシステムのサービスを開始する予定だという。⁽¹⁶⁾

また、吉利汽車は、買収した傘下のボルボカーズと提携し、電装車両の開発を促進させる計画だといわれている。⁽¹⁷⁾

このほか、江淮汽車は2025年までに4段階・4項目に分けてスマート戦略を進めるとしているし、海馬汽車は上海の自社研究所で自社が開発した自動運転車のテスト走行を進めているという。⁽¹⁸⁾また、民族系新興EV車メーカーである蔚来汽車、奇点汽車、正道汽車もそれぞれ自動運転技術の発展に注力を開始している。⁽¹⁹⁾⁽²⁰⁾

これら民族系新興EVメーカーのなかで蔚来汽車は、2018年中には多目的スポーツ車SUV「es8」を販売すべく上海に自社工場を建設中だが、この「es8」にはテンセントや百度の全面協力を得て開発中の自動運転装置の準備を進めており、その開発拠点には5,000人の技術者が活動しているという。また、蔚来汽車は従来の常識を破り販売店を持たないで、顧客とのコミュニケーションはスマホで行うという。⁽²¹⁾同社は、モビリティ分野での開発のため英国BPと

の連携を計画している。

ⅱ）日系企業の中国での自動運転将来計画

　まず、トヨタだが、トヨタ販売モデルの中で、レクサスブランド車を除くと自動運転技術搭載車はない。しかし将来計画としては、主力セダンの一汽トヨタ「カローラ」と広汽「レビン」については、欧米市場で導入済みの「Toyota Safety Sense」を装備予定であるとしている。

　ホンダに関しては、これからはホンダコネクト・ホンダセンシングの展開を徐々に進めていく予定だという。しかし、2018年6月時点での新聞報道によれば、ホンダは、中国の百度が押し進める自動運転の開発連合である「アポロ計画」に日本企業では初めて参加を表明した。

　日産は、今のところ将来計画を明確には示していないが、中国合弁の東風汽車は2019年以降レベル1〜2の自動運転技術を導入する計画だという。

ⅲ）欧米系企業の中国での自動運転将来計画

　まず、中国市場でトップを走るVWとアウディの将来計画に関してみておこう。上海VWは、今後もバーチャルコックピットモデルを投入し地図やメールを使えるコネクテッドカーの投入を加速化させる計画だという。また、VWグループのEV開発については、中国における同社の現在の合弁先である上海、一汽に加え、安徽江淮汽車（JAC）の3社と中国でのEV共同開発を進めている。JACとはコネクテッドカーの開発も行い、2020年までに40万台、2025年には150万台のEVを中国市場に投入するとしている。またアウディは、2018年7月新たに華為技術との間で自動運転分野での戦略提携を進めることを決定した。

　ダイムラーは次世代環境車の開発について、傘下のメルセデスベンツ車生産の合弁先である北京汽車と50億元（835億円）を共同出資し、2020年までにEVの現地生産準備を行い、自動運転に関する共同研究開発を行っていく予定だといわれる。さらにダイムラーは、百度と組んで、百度が開発した自動運

のプラットフォーム「アポロ」を搭載したメルセデスベンツ車の「レベル4」を目指す公道実験を北京市の認可を得て開始した。同実験は、河北省「雄安新区」の「スマートシティ」でも実施するという。

また、PSA は 2018 年に中国でコネクテッドカーを生産する予定だと発表したし、GM は、自動運転分野では、キャデラックが高速道路での自動運転が可能なモデルを投入する計画だという。

また韓国メーカーの現代は百度と中国向け地図・音声認識において提携し、IT 分野の開発強化を図る計画だという。

(3) 中国新興企業の自動運転計画

では、次に中国自動車部品企業の自動運転分野での動きを見ておこう。

まず百度についてみておこう。百度は 2000 年に北京で設立された中国最大の検索エンジン企業で、グーグルに次ぎ世界第2位のシェアを有する巨大企業である。2017 年以降自動運転分野に大々的な進出を開始した。同社は、2017 年 7 月から「アポロ計画」と称する自動運転の開発連合を始動させたが、この計画にはフォードやダイムラー、ボッシュ、インテルなど自動車や IT の大手企業約 50 社が参画している。同計画は、2020 年までに完全自動運転実現を目指している。また、百度は厦門金龍連合汽車工業と組んで EV 自動運転バス「アポロン」を発表した。「レベル4」を実現し、未来都市の北京郊外「雄安新区」や上海「安亭地区」において走行させる予定で、すでに 100 台の製造を終了した。さらに百度は、コンビニの蘇寧物流と組んで「アポロン」を搭載した無人配送車を使う計画を推し進めているという。

近年注目されてきているのが音声認識技術で高い評価を受けている科大訊飛である。同社の HMI（Human Machine Interface）技術を搭載した自動車の販売台数が 100 万台を突破したという。音声技術だけでなく、テレマティクスサービス事業を通じた、自動車各社との提携も開始している。この外、百度をスピンアウトした技術者やアメリカのシリコンバレーのウエイモ、オーロラ、ク

ルーズ、ウーバーテクノロジーズなどを退社した留学帰りたちが、中国政府の支援を受けて次々と起業しているのである。広州を拠点とする景馳科技、子馬智行、深圳を拠点とする深圳星行科技などがそれである。彼らは中国政府の手厚い支援を受けて事業活動を展開しているといわれる。また、この分野ではアップルの自動運転技術を中国に流出させたとしてアップル社員がFBIに逮捕される事件が発生するなど米中技術開発競争を反映した事件も勃発している。

4．BYD の自動運転システムへの取り組み

　最近の動きで筆者が取り上げたい民族系企業の自動運転の取り組みはBYDのそれである。BYDは中国の民族系EV車生産の先鞭をつけた企業としてその名が知られている。BYDの出発は電池関連の政府系研究機関に勤務していた王伝福が1995年に創業した2次電池ベンチャー企業にある。当初は携帯電話向け電池生産が主体だったが、2003年中国西部でスズキと提携し小型車「アルト」を生産していた西安泰川汽車の買収を契機に自動車産業に参入し、以降「アルト」をベースにした「福菜爾」（Flyer）を皮切りに2007年には深圳に工場を新設、日韓の技術を導入した新車種「F2」、「F3」を発表、その後はハイブリッド車の開発に着手し、「F3MD」、「F6MD」の販売を開始した。BYDの躍進に注目したアメリカの著名な投資家のウオーレン・バフィットが2008年にBYDに投資したことは、BYDの躍進と評価に彩りを添えるものとして注目された。その後外資系企業が中国市場に新車を投入し、この結果シェア争いが激化するなかでBYDは厳しい経営状況に追い込まれたが、中国政府が大きくEV車、PEV車重視の方向に舵を切った2015年以降再び脚光を浴び始めている。このBYDは2017年にPHEV車のSUV車「唐」の販売を開始した。同車は、直列4気筒直噴ターボエンジンを搭載、フロントとリアに150PSのモーターを一基ずつ備え、6速のツインクラッチ式トランスミッションを持つという。試乗した自動車ジャーナリストの河口まなぶは、「これが自

動車メーカーとなってわずか14年で作られたクルマなのか」と疑いたくなるほど、エンジン、モーターともに「想像以上」「パワフル」で、急速な技術進歩を感ずるにつけ、「そこに感ずる脅威はとてつもなく大きい」との感想を吐露している。しかし、本章で重要なのは、「唐」のPHEV車としての性能もさることながら、このPHEV車に装備されたリモートパーキングシステムである。日本の国内メーカーでこの種のもの装備したクルマは未だ販売されてはいない。ドイツのBMW車にはこの種のものが装備されている。しかし、BMWの場合は、この駐車システムを専用キーを使って操作するが、BYDの場合はそれを基本にしつつも将来計画としては自社の得意とするスマートフォンで操作する方法を模索している。

5. 中国での各社のモビリティサービスの現状

中国で普及しているスマホ決済と連動して拡大しているモビリティサービスの現状を関係企業別に見ておくこととしよう。

(1) 海馬汽車

海馬汽車はマツダの技術支援で発足、1998年には第一汽車の傘下に入り、2008年には海南省政府の出資も得て海南省海口市に本店を置いて乗用車生産を開始した。海馬は、2016年11月龐大汽貿集団と提携して新エネ車リースを開始した。具体的には新エネ車2,000台を購入してカーシェアリングを実施、充電スタンドを3,000基整備した。将来は、本社・営業所がある海南省のみならず、雲南、貴州、四川省までカーシェアリング事業を拡大する予定だという。

(2) 滴滴

　滴滴の創業は 2012 年である。設立後はアリババ、テンセントの支援を受けて小桔科技から滴滴快的、滴滴出行と名を変えてタクシー配車サービスに進出、米系ウーバーと競争し、2016 年ウーバー中国事業を買収した。その後事業を全中国に拡大、2017 年現在中国での配車サービス拠点は 400 拠点以上に、登録運転手は 1,500 万人以上に及び、4 億人以上の利用客を持つにいたった。文字通り、短期間に世界最大の配車サービス企業へと成長した。「運転手や利用客の走行情報をリアルタイムで収集し、ビッグデータとして解析。最短ルートの提供にとどまらず、地方政府や自動車メーカーなどと組んで道路混雑緩和につながる仕組みの構築など」も進め、「中国が 25 年の普及開始を計画している自動運転車を支えるインフラになると目されている」という[44]。また、VW との連携を深めて配車サービス向け専用車は VW 傘下ブランド車を使用する予定だという[45]。もっとも 2018 年 5 月には河南省鄭州市で乗客殺害事件が発生し、安全性への不安が広がるといった問題が出てきているが、利用者数は確実に増加している[46]。そんななかで、滴滴出行は、2018 年 4 月にトヨタなどの世界自動車大手やボシュなどの部品大手 31 社が参加するカーシェア世界連合「洪流連合（D アライアンス）」の立ち上げを宣言した[47]。さらに 2018 年 7 月にはソフトバンクと合弁会社を設立し、中国で培った滴滴のノウハウを日本のタクシー業界へ持ち込む動きを見せている[48]。

(3) 上海汽車

　VW、GM と合弁関係を持ち中国第一の売り上げ規模を誇る上海汽車も 2016 年に上海国際汽車城との共同出資で、自社の傘下に環球車享なるカーシェアリング会社を設立した。そして 2017 年現在中国 24 都市で同事業を展開している。運営拠点は 3,400 店舗、運営車両のうち新エネ車は累計 8,400 台、登録会員数

は63万人を数える。2020年までに中国100都市、運営車両30万台まで拡大させる予定だという(49)。

(4) 江淮汽車

中国の中堅国有自動車企業である江淮汽車は、2017年6月ドイツのVWと中国での合弁は2社に限るという方針を超えて3社目となる合弁契約を締結し、EV開発を共同で実施することを決定した。同社は、さらに傘下の江淮汽車安徽和勤祖賃をして安徽省において新エネ車のカーシェアリング事業を展開させている。同社は、主に社会団体、大学、病院を対象にカーシェアリング事業を行っている。そして2017年から約3年間の間に新エネ車3,000台をカーシェアリングに活用する予定だといわれる(50)。

(5) 東風汽車

第一汽車、上海汽車と並ぶ中国を代表する国営自動車企業の東風汽車は、日産と提携して、広東省広州花都、湖北省武漢、十堰、襄陽、河南省鄭州などに生産拠点を有して乗用車、商用車の生産を行ってきた。このたび本社がある武漢市で、湖北省武漢市政府と共同で2016年末までにEV車500台と乗降車場所100か所を用意して事業に取り組むカーシェアリング事業を開始しはじめた(51)。

(6) 浙江吉利控股集団

浙江吉利控股集団は、中国を代表する民間自動車企業だが、2010年にはフォードからボルボカーズを買収、2017年にはマレーシアのプロトンを買収、さらには2018年にはダイムラーの筆頭株主となるなど積極的な海外活動を展開していることで知られた会社である。国内では、2017年秋に発売したカーシェア向けの新ブランド車「Lynk&Co」は「シェアボタン」を搭載して、保

有者が車を使わない時間帯を設定して、不特定多数のユーザーが利用できるようにしている(52)。スマホのアプリでシェア可能な車を検索して、電子キーで開錠し運転するものである。

(7) 3社（重慶長安・一汽・東風）連合

2018年7月に入っての動きだが、中国国営3社がカーシェアリング事業を共同で行うための共同出資会社を設立すると決定したことである。3社とは、重慶長安、一汽集団、東風集団で、中国自動車企業「ビッグ5」内に入る有力企業で、世界トップクラスの外資系企業と合弁関係を結んでいる。この3社は同じ2018年7月に物流分野での戦略提携に合意した。この動きは、将来の3社経営統合へ向かう布石と見る向きもある(53)。

おわりに──中国の運転支援システム問題の課題

主に中国系企業に焦点を当てながら中国での運転支援システムの装備状況とその将来展望を検討した。この分野では、中国系各社が積極的に取り組んでいることが判明した。また、中国系企業は、積極的に外資系企業と技術提携や合弁、さらには外国企業の買収を展開しながら、運転支援システムの取込を行っていることが判った。したがって、2010年代に於いて、中国が世界トップのEV生産・販売大国となるだけでなく、これと関連した運転支援システムの生産・販売・装備大国となることは間違いあるまい。もっとも、こうした課題を進めるにあたっては、運転支援システムと関連した法的整備の進展、保険制度の整備、など解決せねばならぬ課題も数多い。

＊本稿作成過程で、入間晴之、河本健二、池田輝久、新藤洋一、村上洋樹、青柳俊之、榎本勇太、松本周氏らからご協力を得た。また文献担当の石岡亜希子氏からは中国自動運転に関する論文と著作データの提供を受け、中亜著作2冊の翻訳の提供を受けた。期して感謝いたしたい。

＊本稿の執筆に当たり『早稲田大学自動車部品産業研究所紀要』第19号（2017年上半期）所収拙稿（24-34ページ）を利用した。なお本稿の内容は個人としての見解である。

[注]
(1) 「日本経済新聞」2018年2月20日
(2) フォーイン（2017）『中国自動車調査月報』, No.256, 45ページ
(3) 「日本経済新聞」2018年5月20日）
(4) 「日本経済新聞」2018年6月20日
(5) 「国際自動車ニュース」2018年7月13日
(6) NNA.ASIA　2017年7月5日
(7) マークラインズ　2017年7月3日
「上海汽車集団、華為、中国移動が『インテリジェントモビリティサービス及び次世代コネクテッドカーにおける共同推進の提携枠組み』に合意」、(https://www.marklines.com/ja/news/204183)
時事通信HP 2017年6月30日、NNA.ASIA（2017年7月5日）
(8) フォーイン（2017）『中国自動車調査月報』,No.256（7月）, 18ページ
(9) Record China（2014年10月24日）「自動運転の人工知能車開発へ、東風汽車と華為が提携—中国メディア」、(http://www.recordchina.co.jp/b96100-s0-c20.html)
(10) フォーイン（2017）『中国自動車調査月報』, No.254（5月）, 19ページ
(11) 「日本経済新聞」2017年6月8日
(12) 日経テクノロジーオンライン（2017年4月20日）
「Intel、長安汽車と戦略的協業、レベル4の自動運転車を開発」、(http://techon.nikkeibp.co.jp/atcl/event/15/040500113/042000014/)
(13) レスポンス（2017年4月26日）
「【上海モーターショー2017】広州汽車、米シリコンバレーにR&D拠点…自動運転技術を開発へ」、(https://response.jp/article/2017/04/26/293986.html)
(14) レスポンス（2017年5月26日）
「ルネサスと長城汽車、EVや自動運転車などの開発で戦略的協業」、

（https://response.jp/article/2017/05/26/295311.html）
　「日本経済新聞」2017 年 5 月 25 日
(15) NNA.ASIA　2017 年 6 月 14 日
(16) フォーイン（2017）『中国自動車調査月報』, No.254（5 月）, 20 ページ
(17) レスポンス（2017 年 7 月 21 日）
　「ボルボと中国吉利、提携強化…次世代電動車両技術の開発を加速」,
　（https://response.jp/article/2017/07/21/297671.html）
(18) フォーイン（2017）『中国自動車調査月報』, No.256（7 月）, 20 ページ
(19) フォーイン（2017）『中国自動車調査月報』, No.254（5 月）, 22 ページ
(20) フォーイン（2017）『中国自動車調査月報』, No.254（5 月）,32-33 ページ
(21) 「日本経済新聞」2018 年 6 月 13 日）
(22) 「国際自動車ニュース」2018 年 5 月 15 日
(23) トヨタ自動車（2016.4.24）「トヨタ自動車、中国にプラグインハイブリッド車を導入－1.2L 直噴ターボエンジン搭載車／衝突回避支援パッケージ「Toyota Safety Sense」を導入へ－」, (https://newsroom.toyota.co.jp/jp/detail/11884587)
　「日本経済新聞」2017 年 7 月 22 日
　レスポンス（2015 年 5 月 8 日）
　「【上海モーターショー 15】トヨタ車ベースの自主ブランド EV、2 台が 2016 年に市場投入」
　（https://response.jp/article/2015/05/08/250730.html）
　一汽トヨタ（http://www.ftms.com.cn/）・広汽トヨタ（www.gac-toyota.com.cn）
(24) フォーイン（2017）『中国自動車調査月報』, No.255（6 月）, 27 ページ
(25) 「日本経済新聞」2018 年 6 月 15 日
(26) レスポンス（2018 年 2 月 6 日）
　「日産、中国全ブランドにプロパイロット…2019 年から自動運転レベル 2 導入へ」
　（https://response.jp/article/2018/02/06/305742.html）
(27) レスポンス（2017 年 6 月 6 日）
　「VW グループ、中国で 3 社目の合弁…EV を共同開発・生産へ」
　（https://response.jp/article/2017/06/06/295762.html）
　上海大衆（http://www.csvw.com/）・一汽大衆（http://www.faw-vw.com/）
(28) 「国際自動車ニュース」2018 年 7 月 12 日
(29) レスポンス（2017 年 7 月 7 日）「ダイムラーと北京汽車、中国に投資…

EV とバッテリーを現地生産へ」, (https://response.jp/article/2017/07/07/297143.html)

北京ベンツ（http://www.bbac.com.cn/）

(30)「国際自動車ニュース」2018 年 7 月 9 日
(31) フォーイン（2017）『中国自動車調査月報』, No.255（6 月）, 31 ページ
(32)「日本経済新聞」2015 年 10 月 2 日
(33) レスポンス（2017 年 6 月 12 日）
「【CES アジア 2017】ヒュンダイと百度、コネクトカーで提携…自動運転も視野に」
（https://response.jp/article/2017/06/12/295996.html）
(34)「日本経済新聞」2017 年 2 月 25 日
「日本経済新聞」2017 年 6 月 10 日
「日本経済新聞」2017 年 6 月 16 日
「日本経済新聞」2017 年 7 月 6 日
(35)「日本経済新聞」2018 年 7 月 5 日
(36)「国際自動車ニュース」2018 年 7 月 12 日
(37) フォーイン（2017）『中国自動車調査月報』, No.254（5 月）, 33 ページ
(38)「日本経済新聞」2018 年 6 月 8 日
(39)「日本経済新聞」2018 年 7 月 12 日
(40) 小林英夫（2009）「電気自動車生産システムの事例研究―日中国際比較」, 早稲田大学日本自動車部品産業研究所『早稲田大学日本自動車部品産業研究所紀要』3 号
(41) Yahoo! ニュース（2017 年 9 月 26 日）河口まなぶ「主力のプラグインハイブリッドに試乗！中国の自動車メーカー、BYD の衝撃 / 後編」,
（https://news.yahoo.co.jp/byline/kawaguchimanabu/20170926-00076188/）
(42) 同上
(43) フォーイン（2017）『中国自動車調査月報』, No254（5 月）, 22-23 ページ
(44)「日本経済新聞」2017 年 4 月 29 日
(45)「国際自動車ニュース」2018 年 5 月 1 日
(46)「国際自動車ニュース」2018 年 5 月 14 日
(47)「日本経済新聞」2018 年 4 月 25 日
(48)「日本経済新聞」2018 年 7 月 20 日
(49) フォーイン（2017）『中国自動車調査月報』, No.256（7 月）, 18-19 ページ
(50) フォーイン（2017）『中国自動車調査月報』, No.256（7 月）, 20-21 ページ
(51)「日本経済新聞」2017 年 6 月 8 日

(52) 同上
(53) 「日本経済新聞」2018年7月18日

［参考文献］
李徳毅（2016）『智能駕駛一百問』国防工業出版社
熊偉、賈宗仁、薛超（2018）『測絵地理信息帯我自動駕駛』測絵出版社
小林英夫（2009）「電気自動車生産システムの事例研究―日中国際比較」、早稲田大学日本自動車部品産業研究所『早稲田大学日本自動車部品産業研究所紀要』3号
鶴橋吉郎・仲森智博（2014）『自動運転　ライフスタイルから電気自動車まで、全てを変える破壊的イノベーション』日経BP社

第 7 章
[鼎談] 自動運転問題の現状と課題

中嶋聖雄・髙橋武秀・小林英夫

1. 自動運転に関する 3 つの論点

中嶋：本日は、鼎談というフォーマットで議論したいと思いますが、私は自動車産業研究に入って日が浅いので、私がモデレーターとして、髙橋先生・小林先生に質問を投げかけて、それについてお二人にお話しいただいた上で、私も議論に加わるというかたちにしたいと思います。

　まず簡単なイントロです。最近の自動運転に関する研究動向ですが、経営学系なら経営学系、工学系なら工学系、法律関連であればたとえば保険の問題に絞る、というような詳細な各論的研究は、優れたものが多く出版されています。また、「自動運転と EV が可能にする未来社会」というような、ジャーナリスティックな総論も、日本が長年培ってきた良質の自動車評論の伝統のなかから、興味深いものが出版されてきています。そういった現状に鑑みて、本書では、学際的・総合的・有機的なアプローチから、自動運転に関して、社会科学系の論文も含みながら、実際の開発現場での経験が豊富な自然科学系の技術者の論考も入れて、今後争点となるであろうトピックをなるべく万遍なくマップアウトする、ということを意図しています。本日の鼎談は時間も限られていますが、今後、自動運転について考える際の指針となるような、論点の鳥瞰図を提供できればと思います。これが鼎談の前提です。

　このような文脈を踏まえて、本日は特に 3 つのトピックについて、詳しくお

話しいただきたいと思います。第一点目は自動運転と法律・行政の関係。第二点目は自動運転と経済・産業・企業・経営との関係。第三点目は、自動運転の社会・文化論と申しますか、自動運転と社会がどうかかわってゆくのか、それぞれ異なった文化を持った社会——例えば日本、アメリカ、中国——が自動運転をどのように受容していくのかというような論点です。

　まず、第一点目の自動運転と法律・行政との関わりですが、本日は、長年、行政官としての経験を持たれた後、自動車部品産業に携わってこられた高橋先生がいらっしゃるので、自動運転という、次世代の自動車産業を決するであろう技術に、どのような政策が有益なのか、という点について伺いたいと思います。保険制度なども含めて法的な整備をすることが重要なのか、さらに踏み込んだ、新しいかたちの産業政策が必要なのか否か、というような点について、たとえば欧米、さらには中国の状況なども踏まえて、お話しいただきたく思います。

　第二点目の自動運転と経済・産業・企業・経営との関連ですが、本書所収の論考の研究拠点となっておりますのが、早稲田大学自動車・部品産業研究所ですので、日本国内のメーカーや部品企業が、どういう取り組みをしているのか、またどういう問題に直面しているのか、についてお話しいただきたいと思います。自動運転技術の発展、さらにはそれと関連してEV化の進展によって、産業構造が激変する、とよく言われます。また、例えばEV化してエンジンがなくなった時に、自動車部品産業界も大転換を余儀なくされると言われます。このあたり、自動運転という技術に伴う産業再編について、お話しいただきたく思います。そのほかにも、国際貿易・経済政策などに触れていただいても結構ですし、経済・産業・企業・経営について、自由にお話しいただければ幸いです。

　第三点目の社会・文化論ですが、社会学者として私もいろいろ勉強しているのですが、例えばトヨタがe-Palette Conceptという、いわゆるMaaS（Mobility as a Service；サービスとしてのモビリティ）専用の自動運転EV車を発表しました。個人が所有・運転する自家用車ではなく、自動運転で箱を提供して、そ

の中でモバイル・オフィス・サービスを提供したり、ピザのフード・カートとして利用したり、高齢者や子どもの送り迎えに使ったりなど、シェアリング・ビジネスやICT、通信企業との連携、さらにはレストラン業を含むサービス業との連携という、これまでの自動車産業の垣根を超えて、より広く社会とつながるような方向性が模索されています。そうするとやはり自動車と広く社会・文化との関わりについて論じる必要が出てくると思います。例えばですが、高齢化社会において自動運転車が果たしうる役割は何なのか、21世紀のモビリティはどうあるべきか、いわゆるスマート・シティの中での自動車の役割、というような社会学的問題です。また、自動車というものを文化として捉えると、自家用車を持つという文化が少なくともすぐになくなるわけではないと思うので、例えばステータス・シンボルとしての自動車というような、文化としての自動車を消費者がこれからどう捉えていくのか、今までの自動車文化と異なる未来がくるのか否か、というようなことをお話しいただきたいと思います。

　最後に一点だけ。EVは自動運転と大変関連が深いのですが、EVについての詳細な議論となると、それだけでまた別の鼎談ができてしまいますので、自動運転に関連する範囲内で、EVについても触れていただきたいと思います。

　それではまず、やはり自動運転というと技術の問題を避けて通るわけにはいきませんので、自動運転の各レベルがいつごろ実現するのか、そのほか技術的な可能性や問題点、そのあたりからお話しいただきたいと思います。

2. 人間の代替か、その先を行く安全技術か

高橋：自動運転の実現のためにどういう技術が必要かという個別の技術の議論がまずあって、その技術を使うと、自動車単体としてどういうパフォーマンスが実現できるかというのがそれらの技術を統合していくと見えてくる。他方、その実現できるパフォーマンスと自動運転車が置かれる現実の交通状況とのすり合わせが自動運転車の社会の中での安全・安心な運用のためには重要です。

日本国内で3千数百件追突事故があって、そのうち72件が自動ブレーキ起因で、しかも一部では人が亡くなっているという、そういう話を交通安全環境研究所がまとめています。交通安全環境研究所でネットを辿っていたら、「自動ブレーキを過信しないでください」というYouTube上の広報用画像が出ていました。その自動ブレーキ一つを取ってみても、色々と問題が指摘されていて、例えば自動ブレーキを動作させるためにライダー（LIDAR）を用いると雪に対応できない弱点をどうやって克服するかというような、人が運転していた今までと同じパフォーマンスをいかに実現するかを考える、人ができることはきちんとできるようにするR&Dの方向性と、例えばビルの陰にいて自動車側からは見つけられない子供をどうやって見つけるかといった、人ができないことをできるようにするR&Dは、狙いが違いますよね？　このようないろいろな方向性を持ったR&Dが一斉に走っているのが自動運転の技術開発の現状かと思います。

　更に営業のためにR&Dをレバレッジにどう使うかという、技術開発とはまた異なる広告・宣伝の世界の問題もあります。国民生活センターなり日本消費者協会あたりに、あたかも完全に自動車が自動で動いてくれるような印象を与える宣伝の仕方はおかしいと言って、クレームをつけられるという状況も起こっているわけです。

　個別の技術開発が所期の目的を実現し、それらを統合した自動運転車が技術問題を解決した上で社会の中でみんなが納得して使えるようになるまでというのは、まだ相当時間がかかると思います。たとえば、LIDARの精度がいいのが作れるかと言われれば、担当の技術者はおそらく作れると言うでしょう。そのLIDARや、超音波を組み合わせて、こういうシステムで外界を認知し、例えば自動車を止める。ただし、技術的には時速何km以上、あるいは時速何km以下でないと、うまく動作しない。そこで社会での運用に条件をつけよう、となります。その制約は、自動運転であるが故に加えられる制約で、人間が運転していたときと比べてある意味不便になるわけです。自動運転車は人間が運転していたときと同様あるいはそれ以上のパフォーマンスを必ず示さなければ

ならないという縛りは、もちろんそうでなければ自動運転車を購入する意味は無いに等しいのですが、自動運転システムに難しい課題を突きつけているように感じます。

中嶋：私自身も高橋先生のご意見に全く賛成で、自動運転というと技術の話になりがちですが、技術だけで可能性や困難を語るのは拙速で、私が本書で執筆した序章でも詳しく述べたのですが、技術と社会が交差したところに、自動運転システムがあり、可能性も問題点も技術と社会・人間の関係を考えないときちんと把握できないと思います。たとえば高橋先生がおっしゃった、人間が今やっていることを代替するための自動運転技術なのか、逆に人間ができないような、その先を行く安全技術なのかというのは、多分すごく重要な区分だと思います。例えば、ソニーが新しく作っているコンセプト・カー（New Concept Cart SC-1）などは、人間の視覚能力を超えるイメージセンサーを使って人が視認できないところまで見る、というのを打ち出しているようです。その技術によって不要となった窓をディスプレイにしてエンターテインメント・広告映像を流すというような、人間の能力を代替するだけでなく、そこでフリーになった部分に自動車の新たな可能性を見出す、というような方向性を模索する動きです。私が執筆した章で少し専門的な社会学的な議論がありますので、詳しくはそこを見ていただくとして、モノ（自動車や技術）とヒトとのネットワークで自動運転技術のシステムが成り立っているという視点は、すごく興味深いと思います。

小林：いまお二人の方が発言された技術と社会の受容性の関連は、私も大変重要な問題だと思っています。たとえばですが、自動運転といっても人間をある程度アシストする程度の技術、つまり運転支援的な技術と人間の手から操作が完全に離れた自動運転技術の間では、おのずと求められる技術内容は相当異なると思います。つまりレベル１から２の問題とレベル３以上となると求められるものは質的に異なる。前者はすでにかなりの広がりを見せていますが、後者

はまだ緒に就いたばかりです。問題は後者の完全自動運転がいつ実現するかでしょうが、これは大変難しい問題でしょう。自動運転にせよ、運転支援にせよ、社会がこれを受け入れていくには、人間が運転するより安全度が高くなければならない。たとえば人間が運転すれば何万キロに一回事故を起こすとすれば、自動運転であればその２倍、３倍安全度が高くなければならない。

　ここで言われている技術上の可能性と社会との関連の問題なのですが、同じことになるのではないかという気はします。完全に人間の手を離れて、いわゆる自動運転というものを求めた技術の場合と、人間がある程度関与しながらアシストしてもらう技術、つまり運転支援的な技術と自動運転的な技術は、自ずと求められるものは随分違っていて、私は運転のアシスト的なものというのは、飛行機でも汽車でも基本的にはやられているわけで、レベル的に言うと、レベル１やレベル２のようなことであれば、ある程度までは行くのではないか、という見通しは実は持っていまして、それは比較的簡単なのではないでしょうか。色々な難しい問題は、技術上ありますが、しかしそれほど困難ではないのではないでしょうか。

　今やはり一番求められているというか、難しいのは、完全自動運転、つまり人間が全く関与せずに動いていける、そういう技術というものが、果たしていつできてくるのか、という問題になってくると、これは相当難しいでしょう。なぜ難しいかと言えば、100％とは言わないまでも、人間が運転している、あるいはそれ以上の安全度のレベルが、その自動運転によって保障されなければならない、こういうものを作り出すというのは、相当大変なのではないでしょうか。技術上できない部分というのが、随分あるのではないでしょうか。しかし、現実にはそういうものを進めるわけですから、やはりそうなると、かなり困難度が非常に大きいのではないかという、そういう意見を持っています。

　いずれにしても、自動運転にせよ運転支援にせよ、社会がそれを承認していく場合の基準は、一体どういうものなのか、ということで言いますと、少なくとも人間が運転しているよりは安全度が高くなければいけませんし、数値的にそういうものが求められなければなりませんから、たとえば人間が走れば何万

kmに1回事故が起こるとしたら、自動運転になった場合は、おそらくその距離が2倍になり3倍になる。

高橋：そういうご注文を頂くので、自動運転システムの開発は難しいのです。レベル1までとレベル2～5のR&Dの複雑さ、困難さを比較してみると、システムの複合が必要では無いレベル1クラスの個別のR&Dはレベル2以上との比較において容易なものではありましょう。では複合させたシステムであり、かつ人間が原則関与しないレベル3以上の開発がどれほど難しいかと言えば、その難しさは運転環境の条件設定の仕方によるところが大きいと思います。完全に道路区画を分けて、自動運転車しか走らない道路にする、という風に場所を区切って、その中で走ってもらうという条件設定をすると、R&Dの難易度は格段に低くなると思います。

あなたにはこれだけのハンデを付けますから自動運転で走ってください、と言ったらおそらく走れます。ところが、平場で走ってください、みんなが走っているこの町の中を、あなた一人で走ってくださいというと条件が格段に難しくなります。先生がおっしゃったように、人を助けるメカニズムとして、自動運転が出てくるのではなく、自動運転のメカニズムを補完するために人が乗っているような、主客が転倒したような状況が起こるかもしれませんね。

自動運転と称する大きい目的の中で、何をどう実現するために、どういう使用条件の設定をして、その枠の中でこの技術を使うとこういうことができるという、こういう体系になっていまして、自動運転車の社会的使用条件の設定というのをよく考えないといけません。おそらく小林先生がおっしゃっているのは、一番条件の厳しい、平場のママチャリが走る、原チャリも走る、自動運転車両でない車両も走る、あるいは世代が違う自動運転車両が走っているというような、レベル5やその他が混在しているような時に自動運転が果たしてできるのかということだと思いますが、正直、それはかなり難しいと思います。

そこのところの議論が、先ほども申し上げた、宣伝をしたい人たちの思惑も色々あるし、技術的にここまでのことができると言いたい技術屋の思惑もある、

その辺の議論が混然一体となっているというところが一つ、自動運転車の導入・受容への道筋を複雑化していると思います。

小林：この問題を議論するときレベル１〜２の問題とレベル３以上の間にも分水嶺があるので、分けて議論する必要があると思いますね。確かにレベルで言うと、レベル０はともかくとして、レベル１からレベル２までと、それを積み重ねている場合は、レベル４・レベル５になっていくという問題ではありませんので、そこにはものすごい分水嶺があると言いますか、そこを越えるのはなかなか難しいですから、議論する時もおそらくその辺は分けて議論していかないと、現実の社会との対応では、対応しきれない問題があるのではないかと私は思っています。

高橋：レベル３で人とのバトンタッチがあるというのが一番技術的に難しいところだと思います。

中嶋：そうですね。危険になった時に、突然人に責任を戻すというのは難しいですよね。

小林：確かにそうですが、やはりレベル５になってくると、これはある面で言うと、全く別の世界に入っていくのではないかという気がするのです。

高橋：完全に閉鎖された空間の中で、好きに走ってくださいというのであれば、個別化された鉄道サービスと同じですよね。

小林：でも現実においては、境界設定をしないことを前提に議論をしているわけですので、それを言ってしまうと、全然議論が成り立たなくなってしまいます。

高橋：この議論は、議論する側が常に、どういう運用状況を念頭に置いているかを意識していないと混乱しやすいと思います。

中嶋：そこのところをもう少し明確化していきたいのですが、大体ここでの総意としては、自動運転と言った時に、そこに含まれる細かい分類や条件付けを明確化せずに議論をするのは大変危険だということだと思います。マーケティング戦略として、自動運転を宣伝（喧伝？）するという意図がある場合もあると思いますし、技術者が（社会での受容可能性はカッコにいれて）純粋技術的にどこまで可能かを語る場合もあるでしょう。たとえばですが、テスラなどは、メッセージとして意図的に、自動運転が直面する様々な困難や多様性を強調するのでなく、（EVと）レベル5の自動運転車が自動車の未来であることはすでに確定済み、というようなフレーミングをすることがありますが、それはかなり戦略的だと思います。そのあたりの戦略的・宣伝的なメッセージと、現実の技術の発展段階とは分けて考えなければいけないと思います。まとめますと、まずは自動運転という概念をディスアグリゲートして考えなければいけないというのがあると思います。そういった意味からも、抽象的にならないよう心掛けて話を進めましょう。例えば、具体的に、自動運転のどこが利点なのでしょうか。

高橋：自動運転ができたら何がいいのか？というのについてはヒューマンエラーの減少による交通事故の低減、交通流の円滑化、更に交通弱者の移動手段の確保の3つがよくあげられますね。

中嶋：そうですね、事故を防いだり、高齢者のモビリティを確保したりするだけでなく、渋滞も解消できるとよく言われますよね。

高橋：渋滞の解消のためには自動運転車の単純な導入だけではなく、さらに進んで、インフラシステムとの連携というのが前提になりますが。モビリティの

維持は、例えば高齢ドライバーが免許返納したような時に、車に乗りさえすれば病院に行けるという状況を作りたいといった要求を実現するということですね。

　ところが、自動運転車は完全混流を前提とすると、交通流の円滑化に寄与するかというと、私は寄与しないと踏んでいます。もう一つ嫌なのは、車車間通信と言った時に、通信の標準化、標準となる通信プロトコルを取れるかどうか、というのはかなり大きい問題というか、利害に直結する問題だと思います。

中嶋：混流の段階で、自動運転がなかった時より事故が一時増えるという可能性もありますしね。その時に、社会がそれをより事故の少ない段階への通過点として許容するのか、バックラッシュが起こるのか、というような問題も注視する必要がありそうですね。

小林：国際標準化は、この分野のヘゲモニー争いと関連して複雑な問題を生み出すと思います。その際、国際標準化を取っていくためには、それなりの国境を越えた情報の交換が必要となります。或いは情報だけでなくナレッジの相互性のようなものが求められます。いまの現実を考えてみるとそれが非常に難しい。それぞれの国の企業が国単位で情報を収集し、それを公開していない。これこそ、私は自動運転問題が社会に投げかけている最大の問題のひとつだと思います。

　今、高橋先生が言われた意味で、国際標準というものをどうやって作っていくのかという問題で言った場合には、国際標準を取っていくためには、それなりの国境を越えた情報の交換ということが、あるいは情報だけではなくて、ナレッジの相互性のようなものが確保されていないと、国際標準は形成できないわけです。現実においては非常にそれが難しいです。それぞれの国が自分以外のデータを保持していない、自分の中に抱え込んでやっている状況の中で、データを公開していっても、そう簡単に国際標準になっていくようなかたちというのは、非常に難しいのではないでしょうか。それこそ、社会の中に投げか

けられてくる問題の、非常に大きい問題の一つではないかと私は思うのです。

高橋：案外気が付かないのですよね、標準化問題は。通信プロトコルは、今まで各社が独自に発展させてきていて、日本国内でもおそらく共通言語化するというのは、結構手間がかかります。ハッキング対策というのも、変な言い方ですが、特定メーカー固有のハッキングなのか、全社に共通のエレメントに対するハッキングなのか、で影響度合いが全く違いますからね。ワクチン作りとこの頒布は大変な手間なので、できれば共通の言葉で話して貰いたい。ただ危ないことは危ないといいますか、みんなが同じ言葉を喋るようになると、何かあった時に被害があっという間に全世界に広がるという、そういう問題が出てきますので、ここはすごく考えどころというか、悩みどころですよね。

中嶋：そのあたりは、国際スタンダードを作ってゆくときに、オープンにするかどうか、というような話もかかわってきますよね。先ほど話に出たトヨタのe-Paletteは、車両制御インターフェースを自動運転キットの開発会社に開示して、オープンな発想で技術を彫琢してゆく方向性だと思います。自社独自の言語を囲ってゆくということの限界を越えようとする試みは、トヨタだけではなく、他にも多くありますが、そうすると高橋先生がおっしゃったように危険性があっという間に広域に広がってしまう可能性もあると思います。このあたりは、技術をオープンにした時に利益をどこで担保するのかというような、産業・経済・企業・経営的な問題にもなりますので、また後で少し議論ができればと思います。

3. 自動運転の法律問題

中嶋：ここまで、自動運転を語るための前提条件として、主に技術の話からそれをとりまく問題について議論してきましたが、時間の関係から、今日特にお

話いただきたかった3つのトピックの第一番目、法律・行政の問題について伺いたいと思います。どこから始めていただいてもいいのですが、保険の問題もありますし、逆にハッキングに対して、どういう安全対策を用意していくのか、それを主導するのは誰か——国際組織か各国政府か民間企業か——というような問題もあると思いますが、法律・行政について、どこからでもお話しいただきたいと思います。高橋先生いかがでしょうか。

高橋：法律上の問題で、自賠責保険については比較的整理が進んできてきています。保険の関係で加害側と被害者との関係はこう整理しよう、そこはいいのですが、加害側の内側、自動車メーカー、自動車の売り手、自動車の整備をする人、その自動車の部品を作った人、いわば加害グループ内の責任の分配、そこのところの議論は、必ずしもきちんと形がついているわけではありません。

それと、なぜその自動運転車両がそういう挙動を取ることを許したのか、という問題は出てきます。それこそトロッコ問題同様、車が先行車のどちらかにぶつからねばならない状況に追い込まれたとして、衝突の相手先が一台は小型車、もう一台が大型車だったとします。どちらにぶつけるかという、これは主体的に舵を切らないといけませんから、大きい方に当てるという選択をするのか、小さい方に当てるという選択をするのは、プログラムで決まっていなければいけません。その時に、何を判断の根底においてプログラムをするか、相手に対する損害を最小限にしようとするなら、丈夫な車に当てた方がいいかもしれない。乗っている人間を守ろうとするのであれば、小さい方に当てた方がいいかもしれない。小さい方に当てるというプログラムを書いた人がいるとすると、当てられた小さい方の車の人は、そのプログラムを書いた人間の責任を追求できるのか？という問題があります。レベル3の車なら、警告だけをして、運転責任を人間に委譲して、どちらに当てるかはあなたの責任で決めてくださいということになります。つまり運転者（人）が責任を負うわけです。そうすれば自動運転車のプログラマーの責任を回避できるかもしれません。

小林：今の問題はまさにそうですが、自動運転でなくても、現実に人間が運転していても、ボルボともう一つの小型車があって、ブレーキが壊れてしまったという場合、どちらにぶつけるかというのは運転手の判断ですよね。

高橋：それは運転手の判断ですので、運転手が責任を持てばいいのです。

小林：運転手が責任を持つわけで、その論理を延長させていくとすると、そういうプログラミングを設定した人間が、ある程度の責任を持つという、そういう論におそらくなっていくのではないかと思います。自動運転でも確か自賠責と同じ責任になるのだということが報道されていましたから、基本的にはやはり人間がドライビングしているのと同じ論理で、自動運転に近い条件になった時でも、責任問題は生ずるという風に私は考えています。

高橋：被害者との関係は、被害者救済のための制度である自賠責の議論で決着がつくのです。たとえば、そこで、加害者側が相手に1,000万円払わなければいけなくなったとします。その支払金額の幾ばくかは、事故の原因の根っこに運転プログラムがあったとすると、そのプログラムを書いた人にも、責任がある、運転していた人はその時システムに運転を委ねて実質的にその車の支配権を持っていないのだから、支配権を持っていない人がすべての責任を負うのはおかしいだろうと言った時に、プログラマーなり、プログラムの搭載を認めた自動車メーカーは責任を持たなくて良いのかという問題が出てくるわけです。

小林：なるでしょうね。でも、それは自賠責でも具体的にはなるでしょう。つまり、プログラミングを作った人間ではなくて、その作ったプログラムを承認した。

高橋：あなた承認したでしょう？という。承認したことについての責任ですね。

中嶋：そうすると、例えば契約社会のアメリカ的な考え方だと、プログラムを消費者が買う時に、自己責任として、このプログラムを選んだという同意を求められるようになるということでしょうか。買う時にそのプログラムを選ぶか否かは自由なので、この自動運転のプログラムに同意したということはその責任を消費者も一定程度負うというような方向にいく可能性もあるのでしょうか。

小林：それはですから、そのプログラムがオプションであるのか。

高橋：自動運転であると言って車を売る以上、そのプログラムはオプションではないわけですよ。

中嶋：そうですよね。オプションではない。

高橋：変な言い方ですが、ありとあらゆるケース分けをして書かれている、何万〜何十万行となっている走行プログラムを全部読んで、これでいいでしょうと言って、納得して買ってくださいというのは無理です。
　あなたはプログラムの中身を承知して乗りましたよね？　買いましたよね？　だからこの車は小さい車に当てます、というのはありなのだろうか、などと考え込んでしまいます。

4．諸外国ではどうなっているのか

小林：ところで、自動運転の議論をしているわけですが、そしてその法的な整備の問題を考えているわけですが、自動運転を管理監督している官庁というのはありませんよね？

高橋：五省になるのかな？　国交（道路局・自動車局）、警察（交通局）、それか

ら電気通信の関係で総務、自動車所管と言うことで経産、あと交通全体ですので内閣府が主要登場人物だと思います。

小林：つまり、寄り合い所帯になっているわけですよね？　こういう状況でいいのかどうかという問題を私は危惧しているのです。それは、自動運転がどこまで現実的な社会の中で重みを持つか、ということと密接に結び付いていますから、今トライアルの状況であるのに、そのような機関を作る必要はないと言えば、言えなくもないのですが、おそらくこれから先、進展していくとすれば、自動運転庁というのかどうかわかりませんが、そういうものが必要になってきて、寄り合い所帯ではなくて。

高橋：それは無理でしょう。なぜなら、道路の交通管制というのは、警察の専権事項ですから。そして、どういう道路を造るのかというのは、建設省道路局の仕事です。

小林：それはそうなのですが、現実に自動運転で、そういったようなものが全て統合されたようなかたちで、様々な問題が起きてきて、それを処理しなければいけないということになってくると必要となるのではないですか。

高橋：だから内閣府という世界になってくるのではないでしょうか。内閣府がお座敷を作って、難しい問題はそこで各省庁寄り合って議論する、と。

小林：他の国、アメリカなどではどうなっているのでしょうか？

高橋：交通事故の原因究明などに関してはNHTSAが権限を持っています。ところが自動車の性能のコントロールについては、排ガス規制などでもわかる通り、一部各州に権限があるのです。

中嶋：そうですね。アメリカは自動車に限らず、州ごとの法律がありますから、大変複雑になりますね。

高橋：それでNHTSAは、こういう車は危ないというのを外に向かって言って、リコールをかけさせることはできますが。

中嶋：NHTSAと同様の機関は、日本で言うとどこになるのでしょうか？

高橋：全く同じ機関というのはありませんが、リコールは国土交通省の権限ですね。強いて言えば、仲がいいのは国土交通省自動車局の技術系のグループということになるでしょうね。警察規制はアメリカでも各州権限ですよね？

小林：すごくアグレッシブに進んでいる中国は？

中嶋：自動車に限りませんが、重要な経済政策提言機関としては、国家発展改革委員会があります。

小林：かなり積極的に発言しているのは、国家発展改革委員会ですよね。ああいうところの部局の中におそらく、自動運転の関連を含めたところがあるはずですよね。2017年に自動車産業の将来のあり方についてビジョンというのを、3つの機関で出しましたよね。国家発展改革委員会と工業情報化部と科学技術部。おそらくそういったものの中の機関が、自動運転に関してはかなり強い権限を持って、進めているのだろうと思います。ですから、割合中国は、かなり官庁がリーダーシップを取ってやっていますから、その辺のものがアメリカや日本、ヨーロッパ以上に強い権限を持つというのははっきりしているのではないかという気がしています。

中嶋：確かに省庁間の連携を密にして、企業も巻き込んでどんどん進んでいけ

る、という意味では、中国的なやり方にスピード感はありますし、プラス面も多いでしょう。学ぶべき部分もあると思います。日本でも省庁横断的に自動運転について考える委員会はありますが、各国ではどのような官・民連携体制で自動運転に取り組んでいるのか、もっと詳細な調査が必要でしょうし、それを受けて、日本の官・民連携の現状がこのままで良いのかどうかというところも考えないといけないと思います。

　まだ時間がありますので、もう少し、法律・行政関連でお話をお聞きしたいと思います。社会・文化論とも少し重なる話題で、高橋先生がお詳しいと思いますが、いわゆるトロッコ問題についてです。2017 年の 6 月にドイツの連邦交通デジタルインフラ省（BMVI）が、自動運転とコネクテッド・カーに関する倫理ガイドラインを出しました。「避けることのできない事故状況においては、個人の特徴（年齢、性別、身体的・心理的特徴）に基づいたどのような区別もしてはならない」、というような「倫理ルール」を 20 項目にまとめたものですが、たとえば自動運転のプログラムを作る際に、事故を避けられない場合に大きな車に当てるのか小さい車に当てるのか、自分を守るのか相手を守るのかというような判断は倫理に関わるので、各国、判断が異なるかもしれません。また、既存の法律自体も各国文化に基づいて違いますので、トロッコ問題に対する統一的な解決を提供するプログラムができるのかどうか、というのは、自動運転を考える上で一つの焦点となると思います。このあたりについて、高橋先生、いかがでしょうか。

高橋：多分統一的なものはできないでしょう。生命観・倫理観が違いますから。生命に対する価値観も当然、全然違うでしょうから。

中嶋：先ほどの話と関連させると、プログラムをした側が少なくともある程度は責任を負うというところまで仮に決まったとして、たとえば日産の車をインドネシアに輸出する時と中国に輸出する時に、同じプログラムでいいのか、違うプログラムを作るのか、というような話になるとすごく文化論的な話にもな

りますね。

高橋：そこまで進むのかという問題がありますよね。

小林：そこまで進むには、国際標準化に当たるような統一化が不可避でしょうが、先ほど論議したようにそれは相当困難が伴うでしょう。なぜかというと、これは社会学者の方にむしろ研究していただきたいですが、社会システムも違えば、生命観も倫理感も違う、つまり異文化、そこに統一性を作らなければいけないという点には、相当高いバーがあるのではないかという気がします。

中嶋：それぞれの社会に法文化と言いますか——法社会学という専門分野のテーマでもあるのですが、そういう文化的差異が存在するとなると、難しくなりますね。日本のメーカーだからと自動車を日本だけに売るわけにはいきませんから。

小林：ですから、そういう風になりながら、すごく矛盾していると思うのですが、製品を作ってそれを安い価格で売り出していくためには、できる限り生産ボリュームを上げなければいけませんし、生産ボリュームを上げるためには中国のような国を別とすれば国内需要だけではなく、当然輸出まで踏まえたグローバルな市場を対象にしなければいけません。そうでないとボリュームが増えません。それでは、ボリュームを増やすためには、国際標準を取っていかなければできないわけですが、国際標準を取るためには、各国ともあまりにも倫理観・価値観、全ての哲学まで含めた、文化があまりにも違う、それをどう統合すればいいのかという問題が大きいのです。

高橋：そうだとすれば、その部分は、人間というシステムに丸投げするしかありませんよ。乗っている人間に。ですから、レベル４以上というのは、純技術論的にはできますが、運用上、社会的なオペレーショナビリティがあるかと言

われれば、多分ないのではないかという疑いが生じますよね。

小林：基本的には賛成です。ですから、今日の討論の最初のところでも、私はレベル5ではなく、おそらくアシストするところでしか進まないのではないか、という意見を一貫して持っているのです。

5．AI はどこまで対処できるのか

高橋：あと法律との関係で行くと、道交法の実務運用と自動車のプログラミングの書き方をどうするかというのは、警察庁自身も結構問題意識を持っていますよね。たとえばですが、高速道路で合流する時がありますが、我々が車を運転する時は、支線から本線に向けて思い切って鼻を突っ込むわけです。ですが、鼻を突っ込むという行為そのものは、相手の進路の妨害になりますから、もし進路妨害をしてはいけないという厳密なプログラムを自動運転車のアルゴリズムの中に組み込んでおくと、その車は永遠に動けません。合流のところの他に、日本で言えば右折（アメリカでは左折）の時に、直進車がいる時には右折車は止まらなければいけませんね。ところが、直進車があのスピードなら大丈夫だと判断してヒュッと右折するなんて例は幾らもありますよね。私は、本書の中では、現場で作っているルールという、「ルールの現場創発性」という言い方をしていますが、ルールが現場で作られるということに、AIが対応できるかという疑問を持っています。

中嶋：AIが本当に人間と同等の判断をできるようになるのか、という点については、多くの疑問が呈されていますよね。ところで、高橋先生がご担当の章でも使われている「交通ルールの現場創発性」という概念は、すごく社会学的な概念ですね。公式な交通ルールはもちろんあるけれども、現実の社会では、公式化されていない、大変複雑だけれどもうまく運用されている創発的なルー

ルが交通現場の状況に合わせて人間によってつくられている、という考え方ですよね。ファジーな部分ですから、その創発的なルールを学ぶような自動運転が、ゼロイチではなくできるのかというところが、確かにディープラーニングで、すぐに解決されるとは考えにくいですね。ただ、創発的なルールのもとでの人間でも、事故を起こすわけですから、もしディープラーニングの結果が、人間の事故率よりも低いものになるのなら、という点はいかがでしょうか。

小林：そうなのですよ。人間でも事故を起こすことがあるわけですよ。そうすると、人間が起こすであろう事故の確率と、ディープラーニングでやった時の事故の確率とを考えた時に。むしろ。

中嶋：続けていけばディープラーニングの方が相対的に安全になるという可能性はある気もしますが。

小林：そうですね。そちらの方が確率が低いとなれば、そちらの方がより安全であるという想定ができますよね？

中嶋：確かにそうですね。ただ、現実の社会には、たとえば、わざと幅寄せをするような人がいますよね。そういうネガティブな意味での「現場創発性」にもAIは対処できるのでしょうか。

高橋：煽り運転のような？

中嶋：そうです、今、問題になっている煽り運転のような行為です。煽り運転されたときに人間がどのように対応しているのか、それによって事故が防げる場合と防げない場合があるのはなぜなのか、というような話も創発的なルール環境や創発的な現場に関わりますよね。現場創発性という環境下で、自動運転がどこまでできるのか、という点は、すごく重要なポイントになると思います。

高橋：「お先にどうぞ」と言って、手で示してくれる人がいますよね。それを少しためらってから、やはりご親切に言っていただいたのだから右折しようと思ったら、向こうはこちらがためらっているのを見て、あ、この車は右折しないのだと判断して直進してくるなど、ちょっと怖い思いをすることがありますよね。

中嶋：私は単純な技術決定論には疑問を持っているのですが、その一方で、最近の最新技術の進歩ってすごく早いですよね。例えば、AIが猫の顔を今までは他の動物と見分けられなかったのが、猫とわかるようになったり。例えば人間のこういう目の動きが「行ってください」で、こういう目の動きの時には「目にゴミが入った」であったり。

小林：ということが学習されれば。

中嶋：学習されていけばかなりの部分、人間のルール創発性にAIが近づく可能性はありますよね。

高橋：そういう細かい動きを認識するセンサーを作るのは大変ですよ。

小林：けれど、人間でできる、つまりある条件が与えられてくれば、そのデータが挿入されれば、人間以上に学習能力が高くなるわけですから、それは今言われた意味で、こういう目つきがこう動く時にはこうなるのだ、ということを、わかりませんが、様々なケースで蓄積していけばあり得る話。

中嶋：そこの部分は人間を超えられるかもしれませんし。

小林：超えられるかもしれません。

6. 司令塔は必要か

小林：ちょっと別の話になりますが、こういう問題というのは、やはり企業が独自で運営していけば、解決できる問題ではないのです。極端に言ってしまいますと。つまり、社会として「こういう風にしましょう」というかたちで、どこかで決めないと進まないのです。何か色々な問題が出てきたら、それは修正しなければいけませんが。という風に考えていった場合には、私は今日議論している政策で言いますと、やはり官庁なりあるいは関連当局なりが、相当ヘゲモニーを取って進めないと、自然成長的には出てこないことなのです。そういう意味で言いますと、私はやはりヘッドクォーター、司令部のようなものが現実にないと、無理だという風に思います。

高橋：その役割を期待しているのが、内閣府なのでしょう？

小林：しかし、内閣府というのは、その期待に応えられるのかと言うと……。

高橋：調整役ですよね、基本は。

中嶋：そういうイメージがあります。

小林：ですから、むしろヘゲモニーを取って進めていかなければ、ダメなわけです。つまり、色々な意見を集めてきて、足して二で割れば済むという話ではないと思います。

高橋：ヘゲモニーを取るということは、とにかく一つにまとめるということでしょう？ しかし、自動運転の世界の、価値観というのは非常に多様に分散をしています。バックミラーの付け方と一緒で、技術基準のようなものを作れる

とは思いますが、色々なところで色々なことが起こり得るものを、誰か一人が決め打ちでどうこうというのをやることが、たとえば技術開発であったり、社会的な技術利用、利用ルール作り、社会制度作りの時に、誰かが一人の発想でものを作るというのはありなのか、という気が私はします。

小林：そこは私は少し意見が違っていまして、やはり誰かが決定せねばならない。なぜなら、これは今までなかった問題だと思うからなのです。つまり、これは、社会がそういう新しく生まれてくる制度というものを許容するかどうかという問題だからです。独裁的決定がいいと私は言いませんが、ある程度官僚オリエンテッドな意味で、やはり社会を引っ張って行かないと、こういう問題というのは解決しないのです。ですから、私は、中国的な意味での政策の進め方の方が、この問題に関しては、有効性を持っているという風に思っています。

中嶋：私は、自動運転とは別に中国のメディア政策についても研究していて、その分野においては問題点も多いと思うのですが、自動車産業政策については、中国をそのまま真似するのではなくとも、学ぶべき部分はあると思います。日本でも、行政からのビジョン発信・企業への働きかけが、もっとあってもいいのではないかという気がします。

　高橋先生はずっと行政の中心で仕事をしてこられた方ですので、その辺りの産業政策について、お話しいただけないでしょうか。たとえば自動運転だけでなく、AI化やロボット化など、今、アメリカと中国がトップを争っていて、日本はちょっと遅れているのではないかという懸念があります。過去の高度経済成長期の産業政策のようなものを今復活させる、という話ではありませんが、さらに技術進歩のスピード感が増した現代の日本産業にマッチした新しいかたちの産業政策、官の役割を明確化するべきではないでしょうか。

小林：私は賛成です。

高橋：私はオープンイノベーション的にいろんな人がわいわいやった方が知恵は出やすかろうという意味合いで、反対です。

中嶋：お二方のご意見をきちんとお聞きしたいと思います。

小林：私がなぜ賛成かと言いますと、繰り返しになりますが、やはりある特定の政策課題が明確に提示されていて、一定の方向性が大体決まっているという状況の中で、それを推し進めて行くのは企業なのです。実際の推進母体は。けれども、方向性を与え舵取りをするのは、やはり国であったり官庁なのです。ですから、何も官庁が全てを縛って、企業を引きずり回すようにして、一定の方向に持って行くというのはいいと思いません。それは市場の論理で、大いに競争しながらやるべきだと思いますが、ただ方向性としては、やはり日本で言えば経産省だとか、そういうところがこの問題に関しもっともっとリーダーシップを取るべきだというのが、私の意見なのです。なぜかと言うと、私の率直な印象を言えば、官僚の人たちはもっと胸を張って、指導力を持ってやるべきなのです。という印象を非常に強く持っていますので、私はそうすべきだと思っています。

高橋：社会制度のイノベーションという風に考える時に、トップダウン型のイノベーションなのか、データドリブンの、ボトムアップ型のイノベーションかというのは、今流行っているのはどちらかと言うと、ボトムアップ型のイノベーションの方でしょう？

中嶋：：イメージとしてはそうですよね。

高橋：そこにトップダウン型のものを持ち込んでいっても、絶対に欠け落ちる情報や「何か」というのがあって、そこで蹴つまずく可能性が非常に大きい。現場のニーズから、特に役人がやっていると、どんどん浮き上がってしまいま

す。現場のニーズから離れていくのです。本人は何となく役に立っているつもりなのですが、振り返ってみると役に立たないことをやっている方が多いのではないですかね！

7. 産官学連携の中の官の役割

小林：私はボトムアップ型イノベーションを否定してはいないのです。それは、重要な推進力だと言っているのです。ただ、舵取りというか、方向性という問題で大枠を捉えるとすれば、個々の企業のビジョン追求型の方向ではダメで、ビジョンをある程度まで調整してでも、社会課題を解決する方向での責任ある官庁がなければダメだと言っているのです。

中嶋：私自身も、そう感じます。繰り返しになりますが、開発独裁のようなイメージではなくて、新しい時代の産業政策の可能性を模索すべき時期にきているのではないか、ということです。

小林：この問題の解決のために社会はそういうものを作っておかないと、ダメなのです。

中嶋：先ほどの話に戻りますが、トップダウンかボトムアップかではなく、ボトムアップのイノベーションを刺激しながらも、統一的なルール作りなどでは、官がやはりリードを取るというようなかたちの官民の協力というのは難しいのでしょうか？

高橋：おそらく開発段階での、競争政策の話が入っているのです。例えばR&Dの、どこまでを競争領域と言い、どこまでを非競争領域と言うかといって、ものすごく苦労をして、「ここは非競争領域だから一緒にやりましょう」、

「ここは競争領域だから個別に努力しましょう」と言って、技術開発領域の区割りに大変なエネルギーを使っていますね。

小林：半分は賛成なのですが、きちんと言いますが、言われていることはすごくよくわかるのですが、ただ私は、独禁法を取っ払って勝手にやればできるほど、簡単な問題ではないと言っているのです。つまり、一定の社会的な課題というものを達成していくためには、それなりに責任を持って、権威を持っている官庁が、ある程度のガイドラインを出さなければダメなのです。

高橋：明治新政府式開発独裁ですね。

小林：ある程度それが必要なのではないですか。

中嶋：確かにどう定義するかは難しいところです。すごくおおざっぱな言い方になるかもしれませんが、高度経済成長期に日本の自動車産業は飛躍的に発展して、その時には、経産省（当時の通産省）の産業政策が大きな役割を果たしたわけですよね？　もちろんやり方は変わらなければならないと思いますが、バブル崩壊後、日本が経済的に停滞する中で、経産省も含めて、産業政策の方向性というか、それに対する自信というか、そういうものが非常に見えにくく、消極的になっている気がします。内燃機関に注力していた時期から比べると比較にならないほど技術進歩も産業再編もスピード感のある次世代の自動車産業において、行政にはどのような役割がありうるのでしょうか。

高橋：小林先生のように誰かが強いリーダーシップと言った途端に、省庁間でバトルになります。法律に基づいて各省の権限が別個にありますから。それで、誰かがどうと言うと、警察庁がこう、経済産業省がこう言い返すと。自分がやる自分がやる、あるいは逆に自分ではない、自分ではないとバラバラになってしまいます。絶対にまとまりませんから。ですから、今のように緩い連合体で、

好き勝手にやる、競争領域がどこ、非競争領域がどこかというのを探して、まとめて、それをみんなで寄ってたかって手助けをしよう、と言ってお互いの垣根を越えないことを暗黙の了解とした共同陣で運営しているがが、まだスムーズにいきます。自動運転については共通の目標設定に成功し、それぞれが競争意識を持って、自分の責任領域内でちゃんと仕事をしていますから。これを誰か一人の役人がリーダーシップを取ってやるように言われた途端に、何が起こるかと言うと、お互いに叩き合うのです。役人の発想は明治以来変わっていません。私の物の見方が古くさくなってるかもしれませんが。

小林：内部で苦労された方からそういう言い方をされると説得力がありますし、そういうことがあることはわかります。つまり、官僚がそれぞれ自分の縄張りを持って、それを自己主張して、全体として自分の縄張りの力が強くなればいいので、つまり全体解が正解でなくても、部分解が正しければいいのだというかたちで、物事が進んできたというのが、今までの政策にあったことは、私は認めないわけではないのです。けれども、今のような市場オリエンテッドのようなかたちで何もしないで、極論すれば、何もしないでみんなの意見を聞くというのでは、一歩も進みません。ですから、それは分解されることを覚悟したうえででも、一定の解というものをとにかく出してみて、進んでいくということが今必要とされているのですが、全然一歩も出ようとしないという。

中嶋：社会学者マックス・ウェーバーが言う官僚制の論理で、何かを改善するのでなく、組織を存続させること自体が自己目的になりがちだというのはよくわかるのですが、ただ私自身のような部外者から見ると、やはり何らかのビジョンの提示であるとか、もう少し役割があるのではないかという気がするのですが。

高橋：ビジョンをまとめる必要があるまでは、そうかなという気はしますが、ビジョンをまとめる主体が、何もかもしなければならない、何もかもするよう

にと、もし小林先生が言われているのであれば、それは無理です。

小林：いや、私は何もかもするようにと言っているのではありませんが、産学官連携とかつて言われていた、そういうトライアングルが、1990年代アメリカの強い要請のもとで事実上解体された経緯を踏まえて、その再構築が必要だと思っています。むろん、旧来の姿への単純復帰を言うつもりはありませんが。その際にやはり官僚だけが全てやるわけではありませんが、産官学連携、政官財トライアングルでもいいですが、そういう中で、官僚がそれなりの役割を果たす、何でもかんでも官僚がやるようにと言っているわけではありません。やはりそれは、政治家がやらなければならないこともあるでしょうし。やはり今、そういう意味で言えば、官邸主導などということを言っていますが、要するに官僚は無視されて、何の政策にも関わらずに、要するに唯々諾々と政治家の言いなりになって、忖度しているという世界になってしまったなら、これは産業政策はできません。

中嶋：それは私も、今は亡きアメリカの政治学者・日本研究者チャルマーズ・ジョンソンの1980年代の通産省批判というものを含めて勉強しなおしているので良く分かるのですが、やはりアメリカ型の市場中心主義、さらに言えば株主中心主義モデルに従っていかなければならないとなって、官僚主導型の経済発展の良い部分が崩されてしまったというのは確かにあると思います。と同時に、官の側も役割というか、方向性を見失ってしまった。

小林：私は戦前満鉄（南満洲鉄道株式会社）調査部が案出した官主導の経済成長方策のようなものに学ぶべき何かがあるのだと思っているわけです。

中嶋：そういう意味では、中国は良くも悪くも確固たるモデルを、自信を持って提示していますよね。

小林：その通りですよ。

中嶋：「アメリカの言いなり」にならないという。

小林：言いなりになっていませんし、日本のこれまでの経済成長のスタイルを、良いか悪いかは別として、かなり忠実に継承していますよ。日本が失ったものを。それはちょっと今日の話と随分離れますが、そう思います。

中嶋：アメリカの主流の経済学では産業政策そのものが悪いような言い方をしますよね。産業を政策としてやっていくこと自体を悪い、という言い方をしますが、ご存じのように、アメリカ政府も、GMがリーマン・ショック後、倒産した時点でそれを一時国有化したり、経済人類学者のカール・ポランニーが言うように、経済・産業・市場は、国家を含めた社会から独立して継続し得ないということだと思います。そういった意味では、やはり産業政策は重要だと思います。ただ、その一方で、昨今、大きな問題となっているように、産業政策が官民の癒着になっては決していけないと思います。主流派経済学を批判的に検討している経済社会学者のピーター・エバンズという人がいるのですが、その人は、経済発展・産業発展を促すには、官は民に対して"embedded autonomy"の関係でなければいけないと言っています。日本語で言えば、「埋め込まれた自律性」とでも言うのでしょうか。つまり、官は、例えば自動車産業に従事する民間企業のどこが長所でどこが弱点なのか、情報ネットワークを築くことによって、詳細に把握する。ただ、そのうえで、特定の企業だけを利する政策を取ったり、長期的なビジョンや戦略のないまま短期的な援助をしてその場の小目的だけを達成するというのではなくて、産業界に自分自身を「埋め込んで」いきながらも、政策決定をするときには、公共性や自動車産業以外の産業との関係、中小企業との関係なども視野に入れた、長期的な国家利益の明確なビジョンのもとに、民間からは「自律した」政策決定をしてゆく、という関係です。ピーター・エバンズの研究で言うと、韓国の半導体産業などが成功例と

して挙げられていますが、高度経済成長期から1980年代までの日本の自動車産業も「埋め込まれた自律性」に当てはまるかも知れません。行政官の知り合いからも近年、情報をとろうとしても、そういったパイプを作ろうとすると「癒着」と批判されるため、なかなか情報がとりにくくなっているという話を聞きます。民間企業の方も、官に何を期待したらよいのか、どのように民の要望を伝えていくか、思いあぐねているような部分もあると思います。だからこそ、昨今問題となっているような、官民を不正な方法で結びつけようとする怪しいコンサルティング会社が暗躍するのでしょう――もちろん正当なコンサルティングをしている会社が大部分でしょうが。ここで一度、新たな官民連携の在り方を、真剣に考え直す時期にきているのではないでしょうか。

　もう一点付け加えると、省庁という意味での官と民間企業という官・民関係とは別に、官邸と省庁との関係、言わば政・官関係についても考えなくてはいけないと思います。ただ、これは今日の鼎談の本筋から逸れるので、ここでは言及だけしておきます。

8. サービス業としての自動車産業

中嶋：それでは、次に二番目のトピックの経済・産業・企業・経営論ですが、自動運転に関わる新技術の出現による産業再編の話でも良いですし、これまでの話と関連させて、国際標準を作るに際して、オープン化して普及させることで利益を拡大させるのか、それとも独自の規格を作ってそれを利益の源泉にするのか、というような経営学的な問題でも結構です。すごく大きな領域ですが、このトピックついてはいかがでしょうか。

小林：ここでは経済・産業・企業・経営論となっていますが、基本的にはやはり先端技術というものを、どの企業が、あるいはどの国が、と言ってもいいかもしれませんが、掌握してリードしていくのかということが前提にあって、そ

の次に出てくる問題が、国際競争力の問題であり、つまり全体として見るならば、次世代の産業を誰が獲得するかという問題だと思っています。

ですから、自動運転の問題で今日は議論していますが、自動運転以外にEVの問題ももちろんそうですし、カーシェアリングもそうですし、あるいはコネクテッドカーの問題もみんなそうですが、基本的には次の世代の産業の象徴の姿が私は自動運転だと思っているのです。ですから、繰り返し言いますが、これは国家の威信をかけた分野なのです。だからこそ、国家が全面に出てきますし、アメリカも、中国も、ドイツも、日本もそうであるべきだと私は思っていますが、そういう中にあって、やはりこの産学官連携のかたちでやらなければならないのですが、各メーカーがむしろ非常に困っているのは、膨大なお金がかかるということです、これをやるためには。ですから、各企業のレベルで何をしているかと言うと、できる限りつくりのような部分は自分でやらずに、こちらにヒューマンリソースの全ての部分を投入して、できる限り先行投資をしながら、膨大な売り上げの中の投資をそこに投入することで、生き残っていこうとしているわけですよ。

だからこの分野には既存、新興ベンチャーを含めた企業が続々新規参入しています。この分野で今必要なのはソフト・ハード取り混ぜた異業種交流をどううまくやるかが問題なのですが、その辺のシステムづくりが日本の場合うまくいっていない。地域異業種間の糊付けができていない。

ドイツなどでは、やはりそういう産業間連携のようなもの、いわゆるネットワークを非常にうまく作っていっているわけで、日本の場合ももっと経産省などが、そういうネットワーク作りをやるべきなのですが、私が自動車産業・自動車部品産業を見ている限りは、やはり地方の中の企業をリタイヤした人が、その地域の中での糊付け役になっているケースがほとんどで、国が出てきていないですよ。ここでドイツなどの場合ですと、州政府のようなものが、ものすごく地域を固めていったり何かしているわけで、やはり日本の場合はそういうことがなくて、県がそのような役割を全然果たしていません。やはりそういう新産業を作り上げていく、こういう意味では日本はまだまだ努力が足りません。

それで、企業も方向性を明確に出しているとは言えない、という風に思いますので、やはりその辺は相当これから力を入れてやっていく分野だと、私は思っています。

中嶋：そうですね。今の話、さらに敷衍すると、製造業としての自動車産業からサービス業、さらに言えばゲームのようなエンターテインメント、いわゆるクリエイティブ産業なども含めた異産業のつながりを視野に入れないといけないという話にもなりますね。

小林：総合産業という意識でいかなければ。

中嶋：そうですね。「モノづくり」から「コトづくり」へなどという言い方もされますが、製造業からサービス業としての自動車産業へ変化していく、という可能性はいかがでしょうか。小林先生もおっしゃったように、製造業の枠にとらわれず、総合産業として考えないといけないということだと思いますが。

高橋：それほど大きく変わるものなのか、という気はしています。小林先生は「サービスとして」と言われていますが、サービスが載るプラットフォームとしての自動車の存在は否定なさらないでしょう？ 確かに、今まで通りの台数が要るかどうかと言われたら、今まで通りの台数は多分要りません。それは身の丈に合わせて会社を縮めるなり、こういうサービスが載せられる車を作ってほしい、という需要に応えられない人は負けていくというだけのことです。

中嶋：高橋先生のお考えだと、自動車は箱として動くもので、自動運転だろうが、人が運転しようが、そこに載せるサービスが変わっても、製造業としての自動車産業の部分は変わらないということでしょうか。

高橋：快適な移動手段を提供するという本体は変わらないと思います。自動車

に乗せるサービスをどういう風な人が、どういう発想で作っていくかというのは大いに変わるだろうと思いますが。

中嶋：そういった新しい発想自体は、自動車産業の枠外ということでしょうか？

高橋：枠外といいますか、自動車産業側がそれを提案してもいいですし、自動車産業の外の人がそういう使い方をしてもいいと。たとえば、Uberなどは、あれは明らかに自動車産業の外の人が、自動車を使う、合法白タクをやっているということですよね？

中嶋：自分は作りもしませんし、基本的には持ちませんからね。

高橋：持っている人を使うだけです。それで、Uberは、最初のうちはもてはやされていましたが、あちこちで今評判が悪くなっていますよね？

小林：事故が起きていますからね。

中嶋：そうですね。

高橋：Uberの自動運転車がおこしたアメリカの事故は、自動車メーカーの責任領域の事故ではなく、中に乗っていた人が誤ったということにしておいた方がUberとしても都合がいいわけですね、多分。
　社会的な道具の提供者として、その道具の使い道をどこまで自由に発想を伸ばして車を作るのかということに、どれほど自動車屋が慣れているのか、こういう車を作ってみたらどうかという発想を、外のベンチャーから借りてきたらどうかということを小林先生が言われているのなら、それは正しいと思います。何が化けるかはやってみないとわかりませんから。でもそれが世界中で100台

しか要らないような自動車に大手自動車メーカーが乗り出してくることは普通ありません。ある程度、大量生産を前提にしてものを考えざるを得ないという、そうして生産プロセスを前提にした商品の使い方を考えるということだとすると、何かおもしろいことを言っているのを捕まえておく必要はありますが、自分がやらなくても誰か言ってきたものにアンテナを高くして感度良く対応すればいいのではないかという気はしています。

9. 100年に一度の転換期

小林：私は、今は「100年に一度の転換期」であることは間違いないと思います。その変動の一つが自動運転なのですが、繰り返し言うまでもなく、みなさんもご存知でしょうが、これは何も自動運転だけで起きていることではなく、今議論になっているような車の使い方です。あるいは、車の作り方も問題になってきていますし、車の機能も問題になってきていて、つまり車そのものというのが、別の商品にもう変わってきているわけです。空を飛ぶなどという極論は別に置くにしても、車自身が、自動車産業自身が、製造業からサービス業やクリエイティブ産業に転換してきていると、これはものすごく大きい変化であって、車産業が一国経済に与える影響がものすごく大きいことを考えますと、これをどう乗り切るかというのが、その国における産業をどう乗り切るかということに、直接つながってくるという風に私は思っているのです。そう考えますと、高橋先生の考えは、私はこの動きを過小評価されているのではないだろうかという風に思えてなりません。

　そうではなく、やはりこの流れというものは、もちろんどういう方向でどう進んでいくかというのは色々議論しなければいけませんが、これがすごく大きい流れなのだという認識は、やはり持つ必要がありますし、それに乗っかって我々はどうすべきか、ということについては真剣に考える、そういう素材であると私は思っているのです。

高橋：そうでしょうか。それほど大ごとか、という気はしています。要するに、しょせん車の使い道を考えるのはユーザーですから。ですから、そのユーザーの一人に合わせて、車が変わっていくという意味では変わっていくのですが、そのユーザーがどういう使い方を望んでいるかが見えない時に、こちらがそれほど大きな投資をできますか？　自動車メーカーといえども、ということです。

小林：ですが、車自身というのは、社会の中に存在する車だということを忘れてもらっては困るのです。つまり、車というもの自身が、交通事故を起こしたり、色々なことがあるかもしれませんが、ご存知の通り、地球環境問題にとっての車というのは、CO_2でものすごく大きな問題になっていることは事実なわけですから、これをどうするかということを巡っては、燃費性能を向上させるということもあるかもしれませんが、ハイブリッドあるいはプラグインハイブリッドあるいはEVでやらなければいけないということもあるでしょうし、つまり社会的な環境変化の中で、車産業がどう生き抜いていくかという問題としてあるわけですから、この動きを「対陣的対応」で一般化できるのか、疑問です。

　ところで、トヨタはFCVまでやっていますが、基本的にはやはりトヨタの場合は、ハイブリッドでしょう。

高橋：PHEVが一番現実的だとおぼしき流れですよね。

小林：ですが、HVは世界の大きい流れから外されてきていますよね。

高橋：PHEVを否定している国はなかったと思いましたが……。

小林：PHEVはありません。しかし、中国だけではなく、アメリカもそうですし、アメリカもHVは外していますよ。それから欧州も。

中嶋：カリフォルニアは特に厳しいですね。

小林：そうですね、カリフォルニアの場合。

高橋：カリフォルニアの権限を抑えようと言って、今必死になっているのではないですか？

小林：それはトランプ。

中嶋：先ほどの話に戻りますが、高橋先生のお考えとしてはやはり、基本的な自動車作りや製造業としての自動車産業というものがあって、サービスの提供までは、たとえば自動車会社がやらないでもいいというご意見だと思うのですが。

高橋：やれたらやった方がいいとは思いますが、そこまで細やかにニーズを把握していく能力は今の自動車メーカーにあるのかなぁ、そこまで大胆な発想の転換が出てくるのかなぁという問題意識です。今のままではそこまで大胆な構想力を持って細かくニーズを拾えないのではないかと思います。

中嶋：高齢者の移動のために快適な車を作ったとして、高齢者サービス、たとえばデイケアに送り迎えをするようなサービスも含めて、それを新たなビジネス・チャンスとして、製造業としてのトヨタ、自動車メーカーとしてのトヨタが、総合サービス業としての企業に移り変わるきっかけにするというのは、リスクが高すぎるということでしょうか？

高橋：いや、リスクが高いとは思いませんよ。

中嶋：そうですか。たとえば、アマゾンなども初めは書籍を販売するというだ

けだったのが、カスタマーに合わせて音楽や映画を配信したり、家電も売ったり。グーグルも最初は単なるサーチ・エンジンだったのが、新しい分野にどんどんサービスを広げ結びつけることによって、総自動企業に成長している。極端かも知れませんが、トヨタが高齢者ケアのサービスを運営するだとか、そういう新たな領域でどんどん広げていって、製造業者としてのトヨタからサービス業者としてのトヨタあるいは、ICT 企業としてのトヨタ、もしかしたらたとえばコンテンツを入れて、うまくいくかはわかりませんが、オーディオ・ビジュアル・コンテンツ企業としてのトヨタ、というようなかたちで広げていくというのは、やはり危険ということでしょうか——もちろん、モビリティ・サービスをコアにするという前提の上で。

高橋：その高齢者のためにこうする車を作ってほしいと言われて、需要が何台あるかといって積み上げていって、自動車メーカーとして専用の車をつくるよりも、あなたの作っている自動運転車両の使い道として、こういう使い方ができるか？と問いかけられたら、よほど特殊な仕様であれば、メーカーとしてシャーシだけ提供して、細かい艤装は系列の専門会社（車工会メンバーですね）で作る価値がある、となるのじゃないですか？　こういうベース車があって、それがどう使えるかという方向に流れると思うのです。ですから、その時にコンテンツ配信産業になるというのも、それは個別企業の車づくりという土台、骨がしっかりあって、それに対するバリエーションとして、そういうものがある。それで、そのバリエーションがどんどん成長するかもしれませんし、へこたれるかもしれませんし、ただそれは、投資金額のリスクコントロールの問題で、そこは個別企業に決めさせればいいのです。

小林：そういう問題を個別企業に決めさせればいいのは確かです。それはそうだと思います。それは、こちらが決める問題ではなくて、その会社の経営方針でやればいい問題ですから。企業が一番売りたい、あるいは売れると思う市場に色々なものを投入していくというのは、いいと思うのですが、ただ、どこで

売れるのかという問題を考えていった時に、やはり私はこの中でも次の文化の問題になってしまうのですが、やはり高齢化社会、あるいは買い物にも行けない、バスも来ない、そういうような過疎地における車の活用としては、自動運転は、日本国内で需要が今後、相当広がっていくだろうと思いますし、それからうちなどでもそうなのですが、もう車を所有している若者がいないのです。みんなカーシェアリングになってきているわけです。スマホを使って。そうなると、車はもう所有概念の車でなくなってくるわけで、あくまでも要するに必要な時にちょっと使うというような、車そのもののコンセプトが、先ほどから言っているように変わってきているわけで、これは何も車だけが変わっているのではなく、日本の社会全体が変わってきているのです。そうなると、この社会に合わせたシステム作りをやらないと、やはり日本はこれから先伸びていけないという風になるわけで、文化との対話で車というのはいつも出てくるわけですから、つまり車というのは文化の所産なのですよ。乗り物だと考えればそれは乗り物です。ですが、あのようなかたちの車ができる、つまりこれは日本文化の表れなのです。ですから、国によって標準車が違うというのは、私はその通りだと思います。日本全体の中における位置づけとして、自動車産業は、私はもう変わらなければいけないという風に思います。

中嶋：自動車が、自家用車だけではなく、シェアリングなど多様な移動手段になっていく。それに付随して、高齢者関連サービスとの連携が必要になるかも知れません。あるいは、今、消費者がeコマースに依存して、実店舗に行かなくなって地域の小売店が衰退しているという話も聞きます。そういう時に自動運転の車に、例えば地元の靴屋でも洋服屋でも八百屋でも載せて、自宅近くまで来てくれれば、そのコミュニティであまり遠くまで移動できない人や自家用車を所有していない人々には大きな利益があると思います。アマゾンに対抗するわけではありませんが、自動運転によって地域の小さな小売り店をサポートし、地域を活性化してゆく、というような可能性はありませんでしょうか。

小林：その通りです。活性化になるわけですから。

10. 自動運転は不可避

中嶋：地域活性化ということで、そうなるとそこのアイディアを、自動車会社が出すのか出さないのか、小売業などを含めて、自分たちで運営しないにしても、どこまで地域活性化に本気でコミットしてゆくか。

小林：最後の結論だけ言いますと、自動車産業がそれをやらなかったら、ダメなのですよ。つまり、ベンチャーか何かに任せておけばいい問題ではなく、車産業の将来として、そういうコンセプトの車を、今までは人が乗っかって移動したり楽しんでいればいいという、そういう車を作っていればそれでよかったのでしょう。そうでない車を作っていかなければダメだという意味で言えば、今言った靴屋でも何でもいいですが、そういう移動店舗に当るようなものをもう想定したような車というものを、考えていかなければダメだと思います。

中嶋：そこの部分に自動車メーカー自らがどこまで踏み込むべきか、あるいは異種産業との連携を強化する方向でいくのが良いのか、というところは意見が分かれるでしょう。ただ、自動車メーカーが車を製造して、それをユーザーが自家用車として自分で運転する、という市場は、若者の自動車離れとも関連して、少なくとも日本においては縮小していくのは確かでしょう。自動車産業がサービス産業化するとして、メーカーは箱だけを作っていればいいというわけにはいかなくなるでしょう。

　さらに言えば、このような機会を、自動車産業が21世紀に見合った新しい産業として発展してゆく千載一遇のチャンスととらえて、現状維持ではなく、新しい領域に積極的に乗り込んでいくような気概も必要でしょう。たとえば、顧客が量販店に流れて、まちの魚屋が縮小する中で、日本の持つ最先端の冷

蔵・冷凍技術を載せた車を用意して地元の魚屋と連携して商店街を活性化するとか、地元の本屋と協力して自動巡回の書店を試してみるとか、そういうところにどこまで踏み込んでいくかということですよね。もちろん、そのようなサービスが本当に顧客の利益になるのかどうかは見極めなくてはいけないと思います。地元の小売店が必ずしもeコマースや大型量販店より良いというわけではありませんから。ただ、商店街がシャッター街になってしまっているとか、なかなか自分では買い物に出かけられない高齢者や障碍者にどのようにしてより快適なサービスを享受してもらうのか、というような課題を、いろいろな意味でコミュニティを再生してゆくチャンスととらえることは重要だと思います。

小林：それはやはり新しい都市づくりにもなるわけです。たとえばスーパーに行って、色々な買い物をしますが、重くて仕方がないわけです。それをある一定量買えば運んでくれるのですが、そういう世界です。それは何も、人口の中でこれから30％、40％の人間がそうなっていくわけで。若い人はもちろんいるわけですが。

中嶋：そうすると、逆に言うと日本のような高齢化社会、しかもそれによって地方が過疎化していくと言われている中で、日本こそがその最先端を走っていかなければいけない、というところはあるかもしれませんね。

小林：最先端を切っていける条件を持っているわけですよ。なぜなら、これだけ高齢者がまとまって、団塊の世代が高齢者化して、人口の中のすごく高い数字を占めている、そういう国というのはこれから増えてくるでしょうが、やはり先頭を走っているわけです。

中嶋：そういう意味では、私自身も現代日本社会に色々批判はありますし、多くの問題を抱えていると思いますが、今日本が直面している問題をチャンスとして、新しくビジネスを考えて行けば、そのパッケージを海外に売り込んでゆ

くというようなことができるでしょう。例えば高齢化社会は日本だけが直面している問題ではないのですから。

小林：そのためには自動運転は絶対に必要なのです。その場合、自動運転という言い方よりは、いわゆる運転支援が必要なのです。ですから、完全自動運転になればベストですが、そこを待つのではなく、ある程度のリスクがあっても、やはりそういうサポーティング産業をどんどん育てて、日本国内だけでもいいから標準化させて、やはり多くの国民に資すると同時に産業を発展させていく、そのためには私は自動運転というのは絶対に必要だと思います。

中嶋：色々チャンスにはなりますよね、それによって。

小林：そうではないでしょうか？　高橋先生。

高橋：使い方は自由に考えればいいじゃないですか？

小林：自由に任せるという立場ですか？

高橋：売れなければ車は意味がありませんから、売れる車がどういう車かというのを見つけ出すためには、こういう車が欲しいという声を上げる方が先行しないと、いくら環境——この場合物理的な環境という意味ですが——が整っても、研究開発資源のマネジメントができかねるわけです。投入できる人的資源、あるいは資金には限りがあるわけですから。そういう中で、何の研究開発に注力するかは、どういうニーズに食いつくかという話と同義で、どれに食いつくかどうかは個々のメーカーに任せてもらうしかありません。

　社会生活の維持のために必要がある、モビリティの確保のために必要があると思われている要素について言うと、もう結構 R&D の世界では進んできているというのは、間違いありません。ですから、研究開発が世の中のニーズをく

み上げているかという点については、あまり心配しなくてもいいのではないかと思います。

小林：ですから、確かに高齢者あるいは過疎地域における交通の不便さを克服するために、あるいは商店街がどんどん疲弊化していく中で、地域を活性化させるために、そういう自動運転を含めたトランスポーテーションの省略化と自動化のようなことが重要になってきているということは、その通りです。私はそれを否定しているわけではありませんし、それはもっとやるべきだと思っていますし、こういうものというのは、過疎化地域であったり、あるいは非都市地域で先行して始まっていくのだと思います。ですから、そういう面で言えば、過疎もそうですし、あるいは農村地帯であるとか、あるいは交通のそれほど激しくないようなところでどんどん進んでいって、一番最後に残るのが東京や大阪、そういうところだと私は思うのです。こういうところはなかなか。

中嶋：公共交通もありますしね。

小林：我々もいくら年をとっても、東京に住んでいる限りにおいては、色々な交通手段がありますから。

中嶋：配達もありますし。

小林：ですから、それほど慌ててはいませんが、ただ慌ててはいませんが、今の交通機関を見ると、老朽化しているわけです。公共交通機関も事故が多いですよ。

高橋：ネットワークが大きくなって、従来無関係だったネットワークの端っこで起こった事故までがネットワーク全体のパフォーマンスを落としてしまうようになったからと言うのもあるでしょう？

小林：何故ネットワークをうまく動作させられないのかと言えば、メンテナンスがうまくできていないのですよ。それで、やはりこれをもっときちんとリニューアルしたり、改善させたり、どんどんしていかなければ、私はダメだと思います。そういうためにも、やはりこういうもののもっと技術を、極端に言えば、自動運転技術をまず山手線の中に入れてやってくれれば、それで便利なのです。それと同時に、そのための様々な設備も更新してもらうと。

高橋：鉄路の方の自動運転というのは、ATSで代表されるように、少なくとも電車を止めることについては、相当程度進んでいますし、閉鎖系の中で走っている電車ですから、自動運転（無人運転）は現にゆりかもめで行われています。

小林：もちろんそうです。基本的には私は、自動車だけでなく公共交通も含めて、自動運転化というのは、運転支援を含めたこの傾向というのは、不可避ですよ。

高橋：それはそうですよ。

中嶋：自動運転化が不可避として、そこで生まれる得る新たなビジネス・モデルを、需要があったら受けるというのではなく、提言するというのが必要かな、という気がします。

小林：供給の方から先行。高橋先生は需要があればと言って、需要を待つような言い方をされますが、この問題はやはり供給が先行する問題ですよ。

高橋：お金にならないものを誰が作りますか。ですから、汎用性があるものを作っておいて、それを需要に応じて手直ししながら使ってもらうというのが一番いいわけです。

中嶋：汎用性というのは確かにそうですが、たとえば使い方の部分で色々提言して、需要を作っていくというのは。

高橋：それは作り手がそういうニーズをどういうやり方で引き受けていくかという話でしょうね。

中嶋：ですから、そういう意味での汎用性もありながら、いわばハードウェアとしての車だけでなくてソフトウェア、コンテンツの提供まで踏み込んでいくのか。

高橋：自動車メーカーは自分がやろうと思っているのかなぁ。むしろ外部の知恵を引っ張り込もうとしてるんじゃないですかね？

中嶋：現在ではそうでしょうね。

11．現実は作り出されるもの

小林：ここで少し話題を変えて、やはり自動運転とEVのことをほとんど議論していませんでしたが、みなさんご存知の通りで、敢えて言う必要もないのですが、やはり自動運転とEVというのは、かなり親和性を持っていると思うのです。前に高橋先生と議論をした時に、EVもガソリン自動車も、自動運転ということで言えば、動力が違うだけなのだからと言われたのが、すごく記憶の中に残っていまして、言われた通りなのですが、ただメカという問題で考えて、色々な人に聞いてみたのですが、やはり同じようにEV化というのは、結構自動運転と相性がよくて、微調整の整合を色々しようとする時に、様々な意味でやはりEVの方が構造上や設計上において便利で、非常にそういう面では馴染

みやすいのだという点は、もちろんガソリンでできないわけではないのですが、馴染みよさ、あるいは構造上・設計上の問題ということだけに限っているので、やはり EV との親和性というのは、低くないだろうということを最初の方で発言しようと思って、次の話題に移ってしまいましたので。

中嶋：EV との親和性というところで、高橋先生、何か。

高橋：私は自動化の基本コンセプトは一緒だと思っています。申し上げたことがあるかもしれませんが、パワートレインが電気かどうかという、それだけのことではないか、と。ただ、EV の方がアクチュエーターの反応時間が速いといったような、EV としての特性はあるでしょうから、要求性能によっては EV との相性が良いといった問題はあるでしょう。EV と自動運転の親和性が高いというのは、それは事実だろうと思います。ただ、それと、EV 万能論と自動運転がくっついてくるというのは、少し議論にバイアスがかかっているのではないかと思います。

中嶋：そうですね。エンジンでなくてモーターを使っている EV の方が命令に対するレスポンスが速いとか、そういうことはありますが。その他に EV と自動運転との関連性について何か。

高橋：ただ、ブレーキと空調ははやりにくいですよ、きっと。油圧・空気圧がありませんから。ブレーキパッドをディスクに押しつける力を作るときに、油・空圧を使ってというのは、ダメですからね、EV は。あと、エンジンという熱源がないので暖房が電力を食いますよね。

中嶋：確かに。
　今日は時間も限られていますし、EV に関する話題をすべてカバーすることはできないので、EV についての鼎談はぜひまた別の機会に設定しましょう。

それ以外にまとめとして何か最後にありますでしょうか。

小林：こうした論議をする時に中嶋先生はフランスの科学社会学者ブルーノ・ラトゥールのことに言及されていましたが、彼の「批判から積極的な提言」という議論の内容をご紹介願えますか？　ラトゥールについては、中嶋先生ご担当の章でも触れられていたので、興味があります。

中嶋：かなり抽象的な話になりますが。

小林：「批判から積極的な提言」に絞っていただいてもいいかと思いますが。

中嶋：単純化して言うと、EVなど新しい技術ができた時には、やはりマイナスの部分はすごく慎重に、ここがいけない、あれがいけない、ここが危ないということを議論していかなくてはいけないのですが、ただ、それをやっているだけだと、本当の意味でのイノベーションは生まれないということだと思います。技術というものは何かビジョンを打ち出すことによって、それに向かって技術が作り上げられてゆくという部分もあるので、現存の問題点を指摘したり批判することを越えて、その技術をどのように活かしてゆきたいのか、という提言やビジョンがあって初めてマイナス面を議論することが有意義なものになり、その解決方法も見えてくる。大体そういう話です。

小林：私は大変重要な視点だと思うのですが……。

中嶋：そういう意味では、今日の鼎談は、「これが無理だ、あれが無理だ」という話だけではなくて、それではどう変えなければいけないかという積極的な話もできましたので、大変有意義だったと思います。

高橋：そういう議論をし出すと、自動運転を求める側が、新たな自動車の性能

にどのような期待値の線を引いているかという、これが一番大きい課題になるでしょうね。今までと同程度の事故の確率では自動運転車に乗り換える意味は無いですよね。自分が事故に遭う確率はよほど低くなるということを保障してもらわないと。それから、社会的な問題で言うと、本当に渋滞が減るのか、高齢者の助けに本当になるのか、などというのも問題でしょう。

　事故そのものも実はあまり減らないし、事故が起こって、その責任を追究していくと、自動運転車に乗っていた直接の事故の相手に責任を求めることができず、一義的に自動車メーカーの責任を追及するようになる、いわば責任の付け替えが起こるだけなのではないか、ということを、かなりはっきりと技術者が指摘しています。そこに非常に興味深いところがあるのですけれど。

小林：境界を超えた地平に進むというのは命がけの飛躍が必要ということでしょう。

高橋：それで、社会的にこの車を入れることに意味があるかどうかというと、先ほどから言っているように、ユーザーがどういう個人の便益についての価値観を設定するかというのが基本でしょうね。社会全体がその個人の便益の価値観の充足度合いの総和プラス社会が得る外部的な利便で設定するトータルの価値観というがあるのではないですかね？　この二つのハードルをいっぺんに跳ぶというのが相当厳しい試練なわけです。

　今メーカーはこれを乗り越えられると言っているわけですよね。この総合で判断することに耐えられる技術開発を行うのが、今の自動運転車の概念設計を打ち出してゆく技術屋さんの世界でしょう。

　今我々の自動車を運転している現実の交通の世界は、原チャリもいればママチャリもいれば自動二輪もいれば何でもいる。更に自動車に限っても、自動運転車がいてASVがいて、そういうサポートが一切無い車も走っている。そこで起こる道路交通の攪乱については、誰も何も言及していません。

　この程度ならば我慢できるという。この程度の社会的な混乱なら、自動運転

システムというシステムを入れても、許容できるという絵図を誰も書けていません。

　そこがおそらく、今まで我々が行っている議論のある種の混乱の最大の原因なのです。どこまでならば許される、これを踏み越えてこうだという、これを踏み越えたら社会的にこうだ、それならそれで結構という、そこが誰も固めきっていません。

　小林先生はそこで、高齢者に優しいという論点を引っ張り出してきていますが、それらをひっくるめて、本当に役に立つのかという、道路交通の大混乱を引き起こすかもしれない、少なくとも50年位は続きますよ。その50年間の不便をあなたはちゃんと我慢できるのか、あなたは今それを許容するかと言ったら、私は多分許容しません。

中嶋：よくわかるのですが、多分高橋先生はすごくいい意味で、リアリスト・客観主義者だと思います。やはり厳然たる現実があって、それを見てそれにシビアに対応しなければいけない、という考え方だと思います。ただ、私の専門である社会学には「予言の自己成就」という考え方があります。社会に真に客観的なリアリティがアプリオリにあるのではなくて、それらが人々の考え方や認識の仕方によって「作られていく」という考え方です。最近では、パフォーマティビティ（行為遂行性）という言葉を使う人もいます。技術について、たとえばですが、現在よりも100倍効率の良いEV電池が50年後にできるという「予言」を誰かがしたとして、それができるかできないか、ましてや客観的に絶対無理だろうとは現時点では言えなくて、逆に予言することによって、そこに向かって人間の英知が結集されていくというのがありますよね。初めはフィクションだとしても実際に企業がそのビジョンに従って投資していく、また研究者たちもそのビジョン達成のために注力する。もちろん本当に不可能なものは不可能ですから、客観的な事実がないと言っているわけではないのですが、行為遂行性、パフォーマティヴィティというような概念は、予言としての言葉が先にあって、現実がそれを後追いしていく可能性もあるのではないか、とい

うのが科学技術社会論で言われていることです。

高橋：あり得る話ですよね。

中嶋：だからこそ、例えば自動運転・EVのカッティング・エッジにいるテスラもそういうことをわかっているので、わざと未来の自動車の在り方を断定的にプレゼンテーションする。絶対的な締め切りを決めてしまうことによって、無理そうだったことができてしまうというようなこと、論文を書いたりするときにもよくありますよね。ビジョンやその実現の期限を定めてしまうことによって、技術的に難しいと言われていたものができてしまうというようなこと。そういう状況の中で、リアリストになりすぎると、実現できたかもしれないものが実現できなくなってしまう。予言の自己成就や行為遂行性がネガティブに働いてしまうというようなことでしょうか。リアリストであることは本当に大切なのですが、現実は客観的に既定のものではなくて、作られるものだというのが、社会学的な議論なのです。

小林：それが見事に適応するのが、自動運転問題なのだと私は言いたいのです。なぜそれを言うかといいますと、自動運転問題というのが、すごく現実の問題になってきたのは、ここ最近のことです。アメリカから始まり中国で国家的規模で展開されるなかで、がぜん脚光を浴びてきた。その時に何がそれを先行させたかと言いますと、技術的改革だと思うのです。つまり、自動運転のロボット技術や様々なそういうものが、どんどん軽量化したり小さくなったり能力が高まったりして、要するに急速に現実化していく。そうした中で、人々の夢がある面で言うと先行されるかたちで、ダビンチ現象ではありませんが、具体化されていくという。これが最も適用されるのが、自動運転だと思っているわけです。ですから、自動運転を語ろうとする時には、現実を踏まえつつも、夢の実現をめざし地平に向けての命がけの飛躍が必要だと考えています。私は高橋先生から何度か夢を語っていると言われましたが、それは研究者として語るべ

き義務があると私は思っているのです。

高橋：夢を語って人を死なせることは許されない、自動車メーカーは自分の製品のせいでユーザーを事故に巻き込むことは決して許されないと考えています。また巻き込まれた方、その関係者も決してそういうことは許さないでしょう。許されないからこそのリコール制度です。

中嶋：夢を語ることの危険性もありますので、私自身もそれは理解しています。

小林：何事でも危険性はあるわけですよ。

中嶋：そうですね。だからこそ夢を語ると同時に高橋先生のようなリアリスト的な議論も、絶対に必要だと思うのです。これまでの歴史の中でも、夢を語ってEVが失敗した例がありますので、今回もうまくいくことが保証されているわけではありません。ただ、技術の進歩がすごく速くなっていますから、今までであれば、様子を見てうまくいきそうになったところで後追いして、追い付き追い越すのでもよかったのかもしれませんが、自動運転やEVは一年遅れるだけでも周回遅れになってしまいますよね。日本企業の良いところなのかもしれませんが、意思決定に時間をかけて長期的な方向性を精査するという、今までのようなスローな製造業や自動車産業であれば通用したものが、一歩出遅れるだけで本当に追いつけなくなってしまうかもしれません。

小林：高橋先生の意見は重要だと思うのですが、それを踏まえて未知の地平に飛躍する意見を述べたつもりです。あえて夢も語らせてほしいと。

中嶋：そうですね。本当に、リアリストとビジョナリーの両方が必要だということでしょう。それでは残りの時間も少なくなってきましたので、最後に何かございますでしょうか。

小林：自動運転問題に限りませんが、こうした論議をする時に中嶋先生が言われた「批判から積極的提言へ」という視角は非常に重要だと感じました。

中嶋：高橋先生、小林先生、本日は、長い時間、どうもありがとうございました。

文献目録：自動運転車関連

三友仁志監修・石岡亜希子作成

日本語文献
〔書籍〕
1. アーサー・ディ・リトル・ジャパン, 2018,『モビリティー進化論——自動運転と交通サービス、変えるのは誰か』日経 BP 社.
2. アビームコンサルティング, 2018,『EV・自動運転を超えて"日本流"で勝つ —— 2030 年の新たな競争軸とは』日経 BP 社.
3. 井熊均編著, 2013,『「自動運転」が拓く巨大市場—— 2020 年に本格化するスマートモビリティビジネスの行方』日刊工業新聞社.
4. 井熊均・井上岳一編著, 2017,『「自動運転」ビジネス 勝利の法則——レベル 3 をめぐる新たな攻防』日刊工業新聞社.
5. 石川憲二, 2017,『20 年後、私たちはどんな自動車に乗っているのか？——電気自動車・ハイブリッド車・燃料電池車、そして自動運転車の未来』インプレス R&D.
6. 泉田良輔, 2014,『Google vs トヨタ——「自動運転車」は始まりにすぎない』KADOKAWA ／中経出版.
7. 泉谷渉, 2018,『日本 vs. アメリカ vs. 欧州 自動車世界戦争—— EV・自動運転・IoT 対応の行方』東洋経済新報社.
8. 井上久男, 2017,『自動車会社が消える日』文藝春秋.
9. 小木津武樹, 2017,『「自動運転」革命——ロボットカーは実現できるか？』日本評論社.
10. 風間智英編著, 2018,『決定版 EV シフト—— 100 年に一度の大転換』東洋経済新報社.
11. 川島佑介・呉暁岡, 2017,『自動車産業 20 の新ビジネスチャンス』クルーザーズ・メディア.

12. 川辺謙一, 2016,『図解・燃料電池自動車のメカニズム——水素で走るしくみから自動運転の未来まで』講談社.
13. 技術情報協会編, 2017,『車載センシング技術の開発とADAS、自動運転システムへの応用』技術情報協会.
14. 木南浩司, 2018,『モビリティシフト』東洋経済新報社.
15. クライソン・トロンナムチャイ, 2018,『トコトンやさしい自動運転の本』(今日からモノ知りシリーズ) 日刊工業新聞社.
16. 次世代自動車ビジネス研究会, 2018,『60分でわかる！EV革命＆自動運転最前線』井上岳一監修, 技術評論社.
17. 武田一哉, 2016,『行動情報処理——自動運転システムとの共生を目指して』(共立スマートセレクション6巻) 共立出版.
18. 田中道昭, 2018,『2022年の次世代自動車産業——異業種戦争の攻防と日本の活路』PHPビジネス新書.
19. 為末大, 2015,『為末大の未来対談——僕たちの可能性ととりあえずの限界の話をしよう』プレジデント社.
20. 鶴原吉郎, 2017,『自動運転で伸びる業界 消える業界』マイナビ出版.
21. ―――, 2018,『EVと自動運転——クルマをどう変えるか』岩波書店.
22. 鶴原吉郎・仲森智博, 2014,『自動運転——ライフスタイルから電気自動車まで、すべてを変える破壊的イノベーション』逢坂哲彌監修, 日経BP社.
23. デロイト トーマツ コンサルティング, 2016,『モビリティー革命2030——自動車産業の破壊と創造』日経BP社.
24. デンソー カーエレクトロニクス研究会, 2014,『図解カーエレクトロニクス 増補版（上）システム編』, 日経Automotive Technology編, 加藤光治監修, 日経BP社.
25. 土井美和子, 2016,『ICT未来予想図——自動運転、知能化都市、ロボット実装に向けて』(共立スマートセレクション9巻) 共立出版.
26. 中村吉明, 2017,『AIが変えるクルマの未来——自動車産業への警鐘と期待』NTT出版.
27. 西村直人, 2017,『2020年、人工知能は車を運転するのか——自動運転の現在・過去・未来』インプレス.
28. 日経Automotive Technology・日経エレクトロニクス編, 2013,『自動運転と衝突防止技術2013-2014 ——カーエレクトロニクスの最前線』日経BP社.
29. 日経BP社編, 2017,『日経テクノロジー展望2018 世界を動かす100の技術』日経BP社.
30. 日経ビジネス・日経Automotive・日経エレクトロニクス編, 2016,『次世代

自動車 2016 ――自動運転で勢力図が変わる』日経 BP 社.
31. 日経ビジネス・日経 Automotive 編, 2017,『次世代自動車 2017 ――自動運転、次世代動力で見る"トランプ後"の自動車産業』日経 BP 社.
32. ―――, 2018,『次世代自動車 2018 ――経済引っ張る"巨大なスマホ"が AI、新エネルギーを飲み込む』日経 BP 社.
33. 日経ビッグデータ編, 2017,『グーグルに学ぶディープラーニング』日経 BP 社.
34. 野辺継男, 2015,『徹底解説 ICT が創るクルマの未来――自動運転編』日経 BP 社.
35. 林哲史, 2018,『Q&A 形式でスッキリわかる 完全理解 自動運転』日経 BP 社.
36. 深尾三四郎, 2018,『モビリティ 2.0「スマホ化する自動車」の未来を読み解く』日本経済新聞出版社.
37. 藤田友敬編, 2018,『自動運転と法』有斐閣.
38. 保坂明夫・青木啓二・津川定之, 2015,『自動運転――システム構成と要素技術』森北出版.
39. ホッド・リプソン／メルバ・カーマン, 2017,『ドライバーレス革命――自動運転車の普及で世界はどう変わるか？』山田美明訳, 日経 BP 社.
40. 桃田健史, 2016,『IoT で激変するクルマの未来――自動車業界に押し寄せるモビリティ革命』洋泉社.
41. ―――, 2017,『自動運転で GO ！――クルマの新時代がやってくる』マイナビ出版.
42. 森口将之, 2017,『これから始まる自動運転 社会はどうなる！？』秀和システム.
43. 冷泉彰彦, 2018,『自動運転「戦場」ルポ――ウーバー、グーグル、日本勢 クルマの近未来』朝日新聞出版.

〔一般雑誌（特集）〕
1. 「特集 移動革命――自動運転時代の支配者は誰だ」『Wedge』2018 年 9 月号, ウェッジ.
2. 「特集 ここまで来た自動運転――世界初取材 ドイツ最新試作車」『日経ビジネス』2016 年 9 月 5 日号, 日経 BP 社.
3. 「特集 これだ！人工知能自動運転」『週刊エコノミスト』2015 年 10 月 6 日号, 毎日新聞出版.
4. 「特集 自動運転」『Motor Fan illustrated』Vol. 86, 2013 年 11 月 15 日発売,

三栄書房.
5. 「特集 自動運転がやってきた──グーグル、ボルボ徹底追跡」『日経ビジネス』2013 年 6 月 10 日号, 日経 BP 社.
6. 「特集 自動運転実車試験」『日経 Automotive』2017 年 12 月号, 日経 BP 社.
7. 「特集 自動運転──社会はどう変わるか」『ニューズウィーク日本版』2016 年 10 月 18 日号, CCC メディアハウス.
8. 「特集 自動運転 世界で開発競争」『日経 Automotive』2013 年 3 月号, 日経 BP 社.
9. 「特集 自動運転と民事責任」『ジュリスト』2017 年 1 月号, 有斐閣.
10. 「特集 スマートカー巨大市場──自動運転＋エコカーが世界を変える」『週刊東洋経済』2013 年 11 月 9 日号, 東洋経済新報社.
11. 「特集 トヨタ、グーグルも頼る 自動運転の覇者 コンチネンタル」『日経ビジネス』2015 年 10 月 26 日号, 日経 BP 社.
12. 「特集 揺らぐメガサプライヤー──自動運転で崩れるピラミッド構造」『日経 Automotive』2017 年 10 月号, 日経 BP 社.
13. 「特別編集 自動運転のすべて」『Motor Fan illustrated』2017 年 5 月 26 日発売, 三栄書房.

〔専門雑誌（特集）〕

1. 「シンポジウム 自動走行と自動車保険」『交通法研究』2018, 46.
2. 「特集 ICT で実現する移動革命」『インフォコム』2018, 28.
3. 「特集 ITS」『自動車研究』2009, 31（10）.
4. 「特集 ITS」『自動車研究』2009, 32（10）.
5. 「特集 ITS」『自動車研究』2011, 33（10）.
6. 「特集 安全で快適なクルマづくりを支える先進技術」『三菱電機技報』2016, 90（3）.
7. 「特集 産業政策と ICT」『ICT world review』2017, 10（4）.
8. 「特集 実用化迫る自動運転──産官学の視点から」『日本機械学会誌』2018, 121（1191）.
9. 「特集 自動運転」『IATSS Review』2015, 40（2）.
10. 「特集 自動運転」『自動車技術』2015, 69（12）.
11. 「特集 自動運転」『高速道路と自動車』2016, 59（1）.
12. 「特集 自動運転が革新するモビリティの未来」『日立総研』2016, 11（2）.
13. 「特集 自動運転時代へ向けたドライバ状態のモニタリング技術」『車載テクノロジー』2017, 4（4）.

14. 「特集 自動運転社会の到来」『法律のひろば』2018, 71（7）.
15. 「特集 自動運転に向かう車載センサーフュージョン」『O plus E』2014, 36（12）.
16. 「特集 自動運転に向かって」『O plus E』2016, 38（9）.
17. 「特集 自動運転に向かって その基本技術は」『自動車技術』1991, 45（2）.
18. 「特集 自動運転に向けたセンサと制御」『自動車技術』2017, 71（2）.
19. 「特集 自動運転に向けたセンシング・情報処理技術」『機能材料』2016, 36（5）.
20. 「特集 自動運転の実用化へ向けたキーテクノロジー――技術開発の方向性と課題」『車載テクノロジー』2016, 4（1）.
21. 「特集 自動運転のヒューマンファクターとHMI」『車載テクノロジー』2017, 5（2）.
22. 「特集 自動運転へ向けたディープラーニング技術の開発最前線」『車載テクノロジー』2017, 5（1）.
23. 「特集 自動運転を支える技術」『Denso technical review』2016, 21.
24. 「特集 自動運転・無人運転」『自動車技術』2006, 60（10）.
25. 「特集 自動車技術・材料の最新動向（1）」『JETI』2018, 66（3）.
26. 「特集 自動車材料シリーズ 自動運転や衝突防止、機器の誤作動防止に貢献する 車載レーダーやミリ波透過性を有するマテリアル」『Material stage』2017, 17（4）.
27. 「特集 自動車産業の現状と展望」『産業と環境』2016, 45（8）.
28. 「特集 自動車とは？」『自動車技術』2017, 71（1）.
29. 「特集 自動車の自動運転」『ペトロテック』2016, 39（8）.
30. 「特集 自動車の未来予測と求められる研究開発テーマ」『研究開発リーダー』2018, 15（3）.
31. 「特集 自動車保険 自動運転やIoT、テレマティクスなど急速な技術革新に対応した自動車保険の新たな『価値』の創造へ」『自動車販売』2016, 54（12）.
32. 「特集 成長市場におけるビジネスチャンスと研究開発テーマ――先進運転支援システム、自動運転が生み出す変革、市場とビジネスチャンス」『研究開発リーダー』2015, 12（1）.
33. 「特集 2020年代を見据えたマテリアル――ぶつからない車、自動運転システムなど2020年代のカーエレクトロニクスを支えるマテリアル」『Material stage』2014, 14（2）.
34. 「特集 光技術が融合！実現へと向かう自動運転」『OPTRONICS』2018, 37（5）.

〔論文〕

1. 今井猛嘉, 2017,「自動車の自動運転と刑事実体法――その序論的考察」山口厚・佐伯仁志・今井猛嘉・橋爪隆編『西田典之先生献呈論文集』有斐閣, 519-536.
2. 大倉勝徳, 2007,「カーエレクトロニクスを支える半導体技術」『電子情報通信学会誌』90（4）: 309-324.
3. 大前学・橋本尚久・清水浩・藤岡健彦, 2004,「駐車場を有する構内における自動車の自動運転の運動制御に関する研究」『自動車技術会論文集』35（3）: 235-240.
4. 大前学・橋本尚久・菅本拓也・清水浩, 2005,「自動車の自動運転システム利用時における操舵制御異常に対するドライバ反応時間の評価」『自動車技術会論文集』36（3）: 157-162.
5. 大前学・藤岡健彦, 1999,「DGPS を利用した絶対位置情報に基づく自動車の自動運転システムに関する研究」『日本機械学会論文集 C 編』65（634）: 2371-2378.
6. 加藤晋・美濃部直子・津川定之, 2010a,「隊列走行車両における異常や故障を考慮した HMI の一検討」『電子情報通信学会技術研究報告 ITS』109（414）: 257-262.
7. ―――, 2010b,「隊列走行車両における周辺車両への提示情報の一検討」『電子情報通信学会技術研究報告 ITS』109（414）: 263-267.
8. 小池康晴・銅谷賢治, 2001,「マルチステップ状態予測を用いた強化学習によるドライバモデル」『電子情報通信学会論文誌 D-2 情報・システム 2 パターン処理』J84-D2（2）: 370-379.
9. 津川定之, 1992,「自動車走行のインテリジェント化――自動運転を目指して」『電氣學會雑誌』112（11）: 865-870.
10. ―――, 1998,「自動運転システムにおける制御アルゴリズム」『自動車技術』52（2）: 28-33.
11. ―――, 1999a,「自動車の自動運転システム」『人工知能学会誌』14（4）: 606-614.
12. ―――, 1999b,「高度道路交通システムにおける通信システム」『電子情報通信学会論文誌 B 通信』J82-B（11）: 1958-1965.
13. ―――, 2006,「自動車の自動運転技術の変遷」『自動車技術』60（10）: 4-9.
14. 萩藤裕一・長谷川孝明, 2009,「マルチクラスゾーン ITS 情報通信方式におけるマルチホップ通信の導入」『電子情報通信学会技術研究報告 ITS』108（424）: 127-132.

15. 橋本尚久・大前学・清水浩, 2005, 「構内の物体位置情報とビジョン情報を利用した自動車の自動運転のための自車位置推定の高信頼化に関する研究」『自動車技術会論文集』36（2）: 153-158.
16. 和田脩平・萬代雅希・渡辺尚, 2005, 「車群ネットワークを利用した高信頼性 MAC プロトコルについて」『情報処理学会研究報告高度交通システム（ITS）』61（2005-ITS-021）: 29-36.

以上、2018 年 9 月 28 日調査時点

英語文献
〔書籍〕
1. Anderson, James M., Nidhi Kalra, Karlyn D. Stanley, Paul Sorensen, Constantine Samaras and Oluwatobi A. Oluwatola, 2014, *Autonomous Vehicle Technology: A Guide for Policymakers*, Rand Transportation, Space, and Technology Program, Santa Monica: RAND Corporation.
2. Arbib, James and Tony Seba, 2017, *Rethinking Transportation 2020-2030: The Disruption of Transportation and the Collapse of the Internal-Combustion Vehicle and Oil Industries*, RethinkX Sector Disruption, Manchester: RethinkX.
3. Bizon, Nicu, Lucian Dascalescu and Naser Mahdavi Tabatabaei eds., 2014, *Autonomous Vehicles: Intelligent Transport Systems and Smart Technologies*, Engineering Tools, Techniques and Tables, New York: Nova Science Publishers.
4. Blokdyk, Gerardus, 2018a, *Autonomous Car Complete Self-Assessment Guide*, Brendale: 5STARCooks.
5. ———, 2018b, *Autonomous Car Liability Second Edition*, South Carolina: CreateSpace Independent Publishing Platform.
6. Bridges, Rutt, 2018, *Our Driverless Future: Heaven or Hell?*, Driverless Disruption Book 2, Independently published.
7. Broggi, Alberto, Massimo Bertozzi, Gianni Conte and Alessandra Fascioli, 1999, *Automatic Vehicle Guidance: The Experience of the Argo Autonomous Vehicle*, Singapore: World Scientific.
8. Buehler, Martin, Karl Iagnemma and Sanjiv Singh eds., 2010, *The DARPA*

Urban Challenge: Autonomous Vehicles in City Traffic, Springer Tracts in Advanced Robotics Book 56, Berlin: Springer.
9. Burns, Lawrence D. and Christopher Shulgan, 2018, *Autonomy: The Quest to Build the Driverless Car and How It Will Reshape Our World*, New York: Ecco, an imprint of HarperCollins Publishers.
10. Cheng, Hong, 2011, *Autonomous Intelligent Vehicles: Theory, Algorithms, and Implementation*, Advances in Computer Vision and Pattern Recognition, London: Springer.
11. Eliot, Lance B., 2017, *Advances in AI and Autonomous Vehicles: Cybernetic Self-Driving Cars: Practical Advances in Artificial Intelligence (AI) and Machine Learning*, South Carolina: LBE Press Publishing.
12. ———, 2017a, *Innovation and Thought Leadership on Self-Driving Driverless Cars*, South Carolina: LBE Press Publishing.
13. ———, 2017b, *New Advances in AI Autonomous Driverless Self-Driving Cars: Artificial Intelligence and Machine Learning*, South Carolina: LBE Press Publishing.
14. ———, 2017c, *Self-Driving Cars: "The Mother of All AI Projects": Practical Advances in Artificial Intelligence (AI)*, South Carolina: LBE Press Publishing.
15. ———, 2018a, *AI Innovations and Self-Driving Cars: Practical Advances in AI and Machine Learning*, South Carolina: LBE Press Publishing.
16. ———, 2018b, *Crucial Advances for AI Driverless Cars: Practical Innovations in AI and Machine Learning*, South Carolina: LBE Press Publishing.
17. ———, 2018c, *Disruptive Artificial Intelligence (AI) and Driverless Self-Driving Cars: Practical Advances in Machine Learning and AI*, South Carolina: LBE Press Publishing.
18. ———, 2018d, *Introduction to Driverless Self-Driving Cars: The Best of the AI Insider*, South Carolina: LBE Press Publishing.
19. ———, 2018d, *State-of-the-Art AI Driverless Self-Driving Cars*, South Carolina: LBE Press Publishing.
20. Eliot, Lance B. and Michael Eliot, 2017, *Autonomous Vehicle Driverless Self-Driving Cars and Artificial Intelligence: Practical Advances in AI and Machine Learning*, South Carolina: LBE Press Publishing.
21. Fossen, Thor I., Kristin Y. Pettersen and Henk Nijmeijer eds., 2017, *Sensing and Control for Autonomous Vehicles: Applications to Land, Water and*

Air Vehicles, Lecture Notes in Control and Information Sciences Book 474, Cham: Springer.
22. Glasshrook, Alex, 2017, *The Law of Driverless Cars: An Introduction*, Minehead: Law Brief Publishing.
23. Hassan, Syeda Iqra, 2017, *Autonomous Vehicle: Designing and Control of Autonomous Unmanned Ground Vehicle*, Saarbrücken: LAP Lambert Academic Publishing.
24. Heinrich, Steffen, 2018, *Planning Universal On-Road Driving Strategies for Automated Vehicles*, AutoUni - Schriftenreihe Book 119, Wiesbaden: Springer.
25. Herrmann, Andreas, Walter Brenner and Rupert Stadler, 2018, *Autonomous Driving: How the Driverless Revolution Will Change the World*, Bingley: Emerald Publishing.
26. Higgins, Kevin, 2016, *Self-Driving Steamrollers: Your Guide to a Future Featuring Autonomous Cars You May Never Buy (A Transpocalypse Survival Guide)*, Inner Lizard, LLC.
27. Holzmann, Frédéric, 2008, *Adaptive Cooperation Between Driver and Assistant System: Improving Road Safety*, Berlin: Springer.
28. Icon Group International, 2017a, *The 2018-2023 World Outlook for Autonomous Car Sensors*, San Diego: Icon Group.
29. ―――, 2017b, *The 2018-2023 World Outlook for Autonomous Car Software*, San Diego: Icon Group.
30. Idriz, Adem Ferad, 2015, *Adaptive Cruise Control with Auto-Steering for Autonomous Vehicles: Vehicle Modeling and Multi-Layer Integrated Vehicle Dynamics Control Design*, Saarbrücken: LAP Lambert Academic Publishing.
31. Illian, Victor, 2018, *Autonomous Future*, Autonomous Series, South Carolina: CreateSpace Independent Publishing Platform.
32. Jamthe, Sudha, 2017, *2030 the Driverless World: Business Transformation from Autonomous Vehicles*, Susanna Maier ed., South Carolina: CreateSpace Independent Publishing Platform.
33. Jimenez, Felipe, 2017, *Intelligent Vehicles: Enabling Technologies and Future Developments*, Oxford: Butterworth-Heinemann.
34. Joiner, Ida Arlene, 2018, *Emerging Library Technologies: It's Not Just for Geeks*, Chandos Information Professional Series, Oxford: Chandos Publishing.
35. Jurgen, Ronald K., 2013, *Autonomous Vehicles for Safer Driving*, Warren-

dale: SAE International.
36. Kala, Rahul, 2016, *On-Road Intelligent Vehicles: Motion Planning for Intelligent Transportation Systems*, Amsterdam: Butterworth-Heinemann.
37. Kalra, Nidhi and David G. Groves, 2017, *The Enemy of Good: Estimating the Cost of Waiting for Nearly Perfect Automated Vehicles*, Santa Monica: RAND Corporation.
38. Kauerhof, Andreas, 2017, *Strategies for Autonomous, Connected and Smart Mobility in the Automotive Industry. A Comparative Analysis of BMW Group and Tesla Motors*, Munich: Grin Publishing.
39. Kellerman, Aharon, 2018, *Automated and Autonomous Spatial Mobilities*, Transport, Mobilities and Spatial Change, Cheltenham: Edward Elgar Publishing.
40. Kerrigan, David, 2017, *Life as a Passenger: How Driverless Cars Will Change the World*, South Carolina: CreateSpace Independent Publishing Platform.
41. Koulopoulos, Thomas, 2018, *Revealing the Invisible: How Our Hidden Behaviors Are Becoming the Most Valuable Commodity of the 21st Century*, New York: Post Hill Press.
42. Langheim, Jochen ed., 2016, *Energy Consumption and Autonomous Driving: Proceedings of the 3rd CESA Automotive Electronics Congress, Paris, 2014*, Lecture Notes in Mobility, Cham: Springer.
43. Leonard, C.D., 2018, *Autonomous Vehicles: Your Ultimate Guide to the Past, Present and Future of Autonomous Vehicles*, Lenny Peake ed., Bingley: Emerald Publishing.
44. Levinson, David and Kevin Krizek, 2015, *The End of Traffic and the Future of Access: Roadmap to the New Transport Landscape*, South Carolina: CreateSpace Independent Publishing Platform.
45. Lin, Patrick, Keith Abney and Ryan Jenkins eds., 2017, *Robot Ethics 2.0: From Autonomous Cars to Artificial Intelligence*, New York: Oxford University Press.
46. Liu, Shaoshan, Liyun Li, Jie Tang and Jean-Luc Gaudiot, 2017, *Creating Autonomous Vehicle Systems*, San Rafael: Morgan & Claypool Publishers.
47. Lipson, Hod and Melba Kurman, 2017, *Driverless: Intelligent Cars and the Road Ahead*, Cambridge: MIT Press.
48. López, Antonio M., Atsushi Imiya, Tomas Pajdla and Jose M. Álvarez eds.,

2017, *Computer Vision in Vehicle Technology: Land, Sea, and Air*, Somerset: John Wiley & Sons.
49. Maurer, Markus, J. Christian Gerdes, Barbara Lenz and Hermann Winner eds., 2018, *Autonomous Driving: Technical, Legal and Social Aspects*, Berlin: Springer.
50. McGrath, Michael E., 2018, *Autonomous Vehicles: Opportunities, Strategies, and Disruptions*, Independently published.
51. Meadows, Jordan, 2017, *Vehicle Design: Aesthetic Principles in Transportation Design*, New York: Routledge.
52. Messner, William C., 2014, *Autonomous Technologies: Applications That Matter*, Warrendale: SAE International.
53. Meyer, Gereon and Sven Beiker eds., 2014, *Road Vehicle Automation*, Lecture Notes in Mobility, Cham: Springer.
54. ―――, 2018a, *Road Vehicle Automation 4*, Lecture Notes in Mobility, Cham: Springer.
55. ―――, 2018b, *Road Vehicle Automation 5*, Lecture Notes in Mobility, Cham: Springer.
56. Mosloski, Jessica, 2018, *How Self-Driving Cars Will Impact Society*, Technology's Impact, San Diego: Referencepoint Press.
57. Mueck, Markus, 2018, *Networking Vehicles to Everything*, Boston: De Gruyter.
58. Mui, Chunka and Paul B. Carroll, 2013, *Driverless Cars: Trillions Are up for Grabs*, Chicago, Cornerloft Press.
59. Münch, Benedikt, 2014, *Legal Questions with Autonomous Cars: Lessons from UAVs and Semi-Autonomous Systems*, Saarbrücken: AV Akademikerverlag.
60. Nikowitz, Michael, 2015, *Fully Autonomous Vehicles: Visions of the Future or Still Reality?*, Berlin: epubli.
61. NI, Jun, Jibin Hu and Changle Xiang, 2018, *Design and Advanced Robust Chassis Dynamics Control for X-by-Wire Unmanned Ground Vehicle*, Synthesis Lectures on Advances in Automotive Technology, San Rafael: Morgan & Claypool Publishers.
62. Ozguner, Umit, Tankut Acarman and Keith Redmill, 2011, *Autonomous Ground Vehicles*, ITS, Boston: Artech House.
63. Pagano, Paolo ed., 2016, *Intelligent Transportation Systems: From Good*

Practices to Standards, Boca Raton: CRC Press.
64. Purner, John, 2017, *Electric Car Buyers' Guide 2018*, South Carolina: CreateSpace Independent Publishing Platform.
65. Rouff, Christopher and Mike Hinchey eds., 2013, *Experience from the DARPA Urban Challenge*, London: Springer.
66. Saha, Tarun, Rakesh Kumar Thakur and Uttaran Bhattachary, 2012, *Intelligent Autonomous Car: Designed and Implemented Using 8-bit Microcontroller*, Saarbrücken: LAP Lambert Academic Publishing.
67. Sawant, Neil, 2013, *Intelligent Transportation Systems: Longitudinal Vehicle Speed Controller for Autonomous Driving in Urban Stop-and-Go Traffic Situations*, Saarbrücken: LAP Lambert Academic Publishing.
68. Schwartz, Samuel I., 2015, *Street Smart: The Rise of Cities and the Fall of Cars*, New York: PublicAffairs.
69. Simoudis, Evangelos, 2017, *The Big Data Opportunity in Our Driverless Future*, Menlo Park: Corporate Innovators.
70. Smith, Bryant Walker, 2012, *Automated Vehicles Are Probably Legal in the United States*, Stanford: The Center for Internet and Society.
71. Tokuoka, Duncan, 2016, *Emerging Technologies: Autonomous Cars*, North Carolina: Lulu.com.
72. Wadhwa, Vivek and Alex Salkever, 2017, *The Driver in the Driverless Car: How Our Technology Choices Will Create the Future*, Oakland: Berrett-Koehler Publishers.
73. Wayner, Peter C., 2013, *Future Ride: 80 Ways the Self-Driving, Autonomous Car Will Change Everything from Buying Groceries to Teen Romance to Surviving a Hurricane to Turning Ten to Having a Heart Attack to Building a Dream House to Simply Getting from Here to There*, Future Ride Book2, South Carolina: CreateSpace Independent Publishing Platform.
74. ———, 2015, *Future Ride: 99 Ways the Self-Driving, Autonomous Car Will Change Everything from Buying Groceries to Teen Romance to Surviving a Hurricane to Turning Ten to Having a Heart Attack to Building a Dream House to Simply Getting from Here to There*, South Carolina: CreateSpace Independent Publishing Platform.
75. Wedeniwski, Sebastian and Stephen Perun, 2017, *My Cognitive autoMOBILE Life: Digital Divorce from a Cognitive Personal Assistant*, Berlin: Springer Vieweg.

76. Wolmar, Christian, 2018, *Driverless Cars: On a Road to Nowhere*, Perspectives, London Publishing Partnership.

〔論文〕
1. Althoff, Matthias and John M. Dolan, 2014, "Online Verification of Automated Road Vehicles Using Reachability Analysis" *IEEE Transactions on Robotics*, 30（4）: 903-918.
2. Althoff, Matthias, Olaf Stursberg and Martin Buss, 2009, "Model-Based Probabilistic Collision Detection in Autonomous Driving", *IEEE Transactions on Intelligent Transportation Systems*, 10（2）: 299-310.
3. Chen, Chenyi, Ari Seff, Alain Kornhauser and Jianxiong Xiao, 2015, "DeepDriving: Learning Affordance for Direct Perception in Autonomous Driving", *2015 IEEE International Conference on Computer Vision（ICCV）*, 2722-2730.
4. Dolgov, Dmitri, Sebastian Thrun, Michael Montemerlo and James Diebel, 2010, "Path Planning for Autonomous Vehicles in Unknown Semi-Structured Environments", *International Journal of Robotics Research*, 29（5）: 485-501.
5. Gehrig, Stefan K. and Fridtjof J. Stein, 2007, "Collision Avoidance for Vehicle-Following Systems", *IEEE Transactions on Intelligent Transportation Systems*, 8（2）: 233-244.
6. Geiger, Andreas, Philip Lenz and Raquel Urtasun, 2012, "Are We Ready for Autonomous Driving? The KITTI Vision Benchmark Suite", *2012 IEEE Conference on Computer Vision and Pattern Recognition（CVPR）*, 3354-3361.
7. Gerla, Mario, Eun-Kyu Lee, Giovanni Pau and Uichin Lee, 2014, "Internet of Vehicles: From Intelligent Grid to Autonomous Cars and Vehicular Clouds", *2014 IEEE World Forum on Internet of Things（WF-IoT）*, 241-246.
8. Guler, Ilgin S., Monica Menendez and Linus Meier, 2014, "Using Connected Vehicle Technology to Improve the Efficiency of Intersections", *Transportation Research Part C: Emerging Technologies*, 46: 121-131.
9. Hallé, Simon and Brahim Chaib-draa, 2005, "A Collaborative Driving System Based on Multiagent Modelling and Simulations", *Transportation Research Part C: Emerging Technologies*, 13（4）:320-345.
10. Kusano, Kristofer D. and Hampton C. Gabler, 2012, "Safety Benefits of Forward Collision Warning, Brake Assist, and Autonomous Braking Sys-

tems in Rear-End Collisions", *IEEE Transactions on Intelligent Transportation Systems*, 13 (4): 1546-1555.
11. Özgüner, Ümit, Christoph Stiller and Keith Redmill, 2007, «Systems for Safety and Autonomous Behavior in Cars: The DARPA Grand Challenge Experience", *Proceedings of the IEEE*, 95 (2): 397-412.
12. Petit, Jonathan and Steven E. Shladover, 2015, "Potential Cyberattacks on Automated Vehicles", *IEEE Transactions on Intelligent Transportation Systems*, 16 (2): 546-556.
13. Milanés, Vicente, David F. Llorca, Jorge Villagrá, Joshué Pérez, Carlos Fernández, Ignacio Parra, Carlos González and Miguel A. Sotelo, 2012, "Intelligent Automatic Overtaking System Using Vision for Vehicle Detection", *Expert Systems with Applications*, 39 (3): 3362-3373.
14. Milanés, Vicente, José E. Naranjo, Carlos González, Javier Alonso, Teresa de Pedro, 2008, "Autonomous Vehicle Based in Cooperative GPS and Inertial Systems", *Robotica*, 26 : 627-633.
15. Milanés, Vicente, Joshué Pérez, Enrique Onieva and Carlos González, 2010, "Controller for Urban Intersections Based on Wireless Communications and Fuzzy Logic", *IEEE Transactions on Intelligent Transportation Systems*, 11 (1): 243-248.
16. Naranjo, José E., Carlos González, Jesús Reviejo, Ricardo García, and Teresa de Pedro, 2003, "Adaptive Fuzzy Control for Inter-Vehicle Gap Keeping", *IEEE Transactions on Intelligent Transportation Systems*, 4 (3): 132-142.
17. Rajamani, Rajesh and Steven E. Shladover, 2001, "An Experimental Comparative Study of Autonomous and Co-Operative Vehicle-Follower Control Systems", *Transportation Research Part C: Emerging Technologies*, 9 (1): 15-31.
18. Sun, Zehang, George Bebis and Ronald Miller, 2006, "Monocular Precrash Vehicle Detection: Features and Classifiers", *IEEE Transactions on Image Processing*, 15 (7): 2019-2034.
19. Wolcott, Ryan W. and Ryan M. Eustice, 2014, "Visual Localization Within LIDAR Maps for Automated Urban Driving", *2014 IEEE/RSJ International Conference on Intelligent Robots and Systems (IROS)*, 176-183.
20. Wu, Changxu, Guozhen Zhao and Bo Ou, 2011, "A Fuel Economy Optimization System with Applications in Vehicles with Human Drivers and Autono-

mous Vehicles", *Transportation Research Part C: Transport and Environment*, 16（7）: 515-524.
21. Zachariadis, Theodoros, 2006, "On the Baseline Evolution of Automobile Fuel Economy in Europe", *Energy Policy*, 34（14）: 1773-1785.

以上、2018 年 9 月 20 日調査時点

中国語文献（簡体字）

〔書籍〕

1. 柴占祥・聂天心・Jan Becker 编著, 2017,《自动驾驶改变未来》机械工业出版社.
2. 崔胜民编著, 2016,《智能网联汽车新技术》化学工业出版社.
3. 陈慧岩・熊光明・龚建伟・姜岩编, 2014,《无人驾驶汽车概论》(智能车辆先进技术丛书)北京理工大学出版社.
4. 胡迪・利普森／梅尔芭・库曼, 2017,《无人驾驶》林露茵／金阳译, 文汇出版社.
5. 黄志坚编著, 2018,《智能交通与无人驾驶》化学工业出版社.
6. 腾讯研究院, 2018,《寻找无人驾驶的缰绳—— 2018 年全球自动驾驶法律政策研究报告》浙江出版集团数字传媒有限公司.
7. 托比・沃尔什, 2018,《人工智能会取代人类吗？》闻佳译, 北京联合出版公司.
8. 李德毅编, 2016,《智能驾驶一百问》国防工业出版社.
9. 李彦宏, 2017,《智能革命——李彦宏谈人工智能时代的社会、经济与文化变革》中信出版社.
10. 刘少山・唐洁・吴双・李力耘, 2017,《第一本无人驾驶技术书》电子工业出版社.
11. 王泉, 2018,《从车联网到自动驾驶——汽车交通网联化、智能化之路》人民邮电出版社.
12. 王佐勋, 2018,《无人驾驶导航控制系统的设计》中国水利水电出版社.
13. 熊伟・贾宗仁・薛超编著, 2018,《测绘地理信息带我自动驾驶》测绘出版社.
14. 野边继男, 2018,《深入理解 ICT 与自动驾驶》陈慧译, 机械工业出版社.
15. 张茂于编, 2017,《产业专利分析报告（第 58 册）——自动驾驶》知识产权出版社.

〔雑誌（記事・論文）〕

1. 曹建峰, 2017,〈10 大建议！看欧盟如何预测 AI 立法新趋势〉《机器人产业》

(2): 16-20.
2. 曹磊, 2014,〈全球车联网发展态势研究〉《竞争情报》(4): 31-44.
3. 陈大明, 2014,〈全球自动驾驶发展现状与趋势（下）〉《华东科技》(10): 68-70.
4. 陈虹·郭露露·边宁, 2017,〈对汽车智能化进程及其关键技术的思考〉《科技导报》(11): 52-59.
5. 陈慧·徐建波, 2014,〈智能汽车技术发展趋势〉《中国集成电路》(11): 64-70.
6. 陈思宇·乌伟民·童杰·姜海涛·孙志涛, 2015,〈从 ADAS 系统产业发展看未来无人驾驶汽车技术前景〉《黑龙江交通科技》(11): 176.
7. 陈晓博, 2015,〈发展自动驾驶汽车的挑战和前景展望〉《综合运输》(11): 9-13.
8. 陈晓林, 2016,〈无人驾驶汽车对现行法律的挑战及应对〉《理论学刊》(1): 124-131.
9. ———, 2017,〈无人驾驶汽车致人损害的对策研究〉《重庆大学学报（社会科学版）》(4): 9-85.
10. 陈燕申·陈思凯, 2017,〈美国政府《联邦自动驾驶汽车政策》解读与探讨〉《综合运输》(1): 37-43.
11. 陈赟·章娅玮·陈龙, 2014,〈传感器技术在无人驾驶汽车中的应用和专利分析〉《功能材料与器件学报》(1): 89-92.
12. 程加园·朱定见, 2010,〈汽车自动驾驶系统的研究〉《装备制造》(1): 160·151.
13. 邓学·陈平·郑宏达·朱劲松, 2016,〈汽车颠覆时代 无人驾驶热血而来〉《机器人产业》(4): 46-56.
14. 端木庆玲·阮界望·马钧, 2014,〈无人驾驶汽车的先进技术与发展〉《农业装备与车辆工程》(3): 30-33.
15. 冯学强·张良旭·刘志宗, 2015,〈无人驾驶汽车的发展综述〉《山东工业技术》(5): 51.
16. 傅柯思, 2016,〈汽车智能化与驾驶信息系统创新〉《集成电路应用》(4): 20-22.
17. 高奇琦, 2017,〈共享智能汽车对未来世界的影响〉《人民论坛杂志社》(20): 39-47.
18. 郝俊, 2015,〈汽车智能辅助驾驶系统的发展与展望〉《科技与创新》(24): 39-40.
19. 何波, 2017,〈人工智能发展及其法律问题初窥〉《中国电信业》(4): 31-33.
20. 何永明, 2016,〈超高速公路发展可行性论证与必要性研究〉《公路》(1): 158-

162.

21. 《货运车辆》研究部・华夏物联网研究中心, 2012,〈中国货运车联网技术与产业发展报告（2012 年）第一章 车联网技术与产业概述〉《物流技术与应用（货运车辆）》(1): 7-37.

22. 贾祝广・孙效玉・王斌・张维国, 2014,〈无人驾驶技术研究及展望〉《矿业装备》(5): 44-47.

23. 姜勇, 2013,〈汽车自动驾驶的方向与车速控制算法设计〉《科学技术与工程》(34): 10213-10220.

24. 兰韵・刘万伟・董威・刘斌斌・付辰・刘大学, 2015,〈无人驾驶汽车决策系统的规则描述与代码生成方法〉《计算机工程与科学》(8): 1510-1516.

25. 李付俊, 2016,〈浅谈汽车自动驾驶技术的发展与未来〉《黑龙江科技信息》(16): 59.

26. 李克强・戴一凡・李升波・边明远, 2017,〈智能网联汽车（ICV）技术的发展现状及趋势〉《汽车安全与节能学报》(1): 1-14.

27. 李升波・徐少兵・王文军・成波, 2014,〈汽车经济性驾驶技术及应用概述〉《汽车安全与节能学报》(2): 121-131.

28. 李勇, 2016,〈人工智能发展推动信息安全范式转移——基于百度无人驾驶汽车的案例分析〉《信息安全研究》(11): 958-968.

29. 黎宇科・刘宇, 2016a,〈国外智能网联汽车发展现状及启示〉《汽车工业研究》(10): 30-36.

30. ———, 2016b,〈国内智能网联汽车发展现状及建议〉《汽车与配件》(41): 56-59.

31. 李忠东, 2014,〈福特发布自动驾驶原型车 Fusion〉《汽车与配件》(10): 32-33.

32. 廖爽・许勇・王善超, 2014,〈智能汽车自动驾驶的控制方法研究〉《计算机测量与控制》(8): 2472-2474.

33. 刘春晓, 2016,〈改变世界——谷歌无人驾驶汽车研发之路〉《汽车纵横》(5): 94-99.

34. 刘华・乔成磊・张亚萍・李碧钰・樊晓旭, 2016,〈车联网对汽车行业的影响〉《上海汽车》(1): 31-37.

35. 刘天洋・余卓平・熊璐・张培志, 2017,〈智能网联汽车试验场发展现状与建设建议〉《汽车技术》(1): 7-11・32.

36. 刘霞, 2012,〈无人驾驶汽车即将上路〉《今日科苑》(8): 46-47.

37. 吕宏・刘大力・孙嘉燕, 2010,〈从无人驾驶汽车奔赴世博会看未来汽车〉《机电产品开发与创新》(6): 12-14.

38. 伦一, 2017,〈自动驾驶产业发展现状及趋势〉《电信网技术》(6): 33-36.
39. 孟海华·江洪波·汤天波, 2014,〈全球自动驾驶发展现状与趋势（上）〉《华东科技》(9): 66-68.
40. 穆康乐, 2017,〈无人驾驶汽车发展现状及未来展望〉《电子技术与软件工程》(21): 112-114.
41. 牛锐敏, 2015,〈汽车高科技仅在"一步之遥"——聚焦2015年国际消费电子展（CES）〉《汽车科技》(1): 44-47.
42. 潘福全·亓荣杰·张璇·张丽霞, 2017,〈无人驾驶汽车研究综述与发展展望〉《科技创新与应用》(2): 27-28.
43. 乔维高·徐学进, 2007,〈无人驾驶汽车的发展现状及方向〉《上海汽车》(7): 40-43.
44. 邱小平·马丽娜·周小霞·杨达, 2016,〈基于安全距离的手动——自动驾驶混合交通流研究〉《交通运输系统工程与信息》(4): 101-108·124.
45. 石竖·卓斌, 2000,〈自动驾驶汽车的仿真〉《汽车工程》(2): 97-100.
46. 司晓·曹建峰, 2017,〈论人工智能的民事责任——以自动驾驶汽车和智能机器人为切入点〉《法律科学（西北政法大学学报）》(5): 166-173.
47. 孙巍·张捷·穆文浩·吴云强, 2016,〈典型国家和地区自动驾驶汽车发展概述〉《汽车与安全》(2): 86-89.
48. 谭烁, 2013,〈让"无人驾驶"驶入生活〉《环境》(2): 56-59.
49. 陶永·闫学东·王田苗·刘旸, 2016,〈面向未来智能社会的智能交通系统发展策略〉《科技导报》(7): 48-53.
50. 王芳·陈超·黄见曦, 2016,〈无人驾驶汽车研究综述〉《中国水运（下半月）》(12): 126-128.
51. 王科俊·赵彦东·邢向磊, 2017,〈深度学习在无人驾驶汽车领域应用的研究进展〉《智能系统学报》(1): 55-69.
52. 王万荣·雍建军·毛承志·王子涵·黄璐, 2015,〈从驾驶辅助到自动驾驶的综述及规划〉《2015中国汽车工程学会年会论文集》(2): 26-30.
53. 王伟·吴超仲·谢华·严新平, 2004,〈相交矢量技术在自动驾驶模拟器中的应用〉《交通与计算机》(6): 26-29.
54. 王新竹·李骏·李红建·尚秉旭, 2016,〈基于三维激光雷达和深度图像的自动驾驶汽车障碍物检测方法〉《吉林大学学报（工学版）》(2): 360-365.
55. 王艺帆, 2016,〈自动驾驶汽车感知系统关键技术综述〉《汽车电器》(12): 12-16.
56. 王怡洁, 2014,〈Google推动车联网进程〉《汽车与配件》(27): 31-33.
57. 王英健·王玉凤·范必双, 2004,〈基于智能模糊控制的汽车自动驾驶系统〉

《微机发展》(12): 19-20・23.
58. 王子正・程丽, 2016,〈无人驾驶汽车简介〉《时代汽车》(8): 82-85.
59. 翁岳暄／多尼米克・希伦布兰德, 2014,〈汽车智能化的道路——智能汽车、自动驾驶汽车安全监管研究〉《科技与法律》(4): 632-655.
60. 吴云强, 2017,〈关于自动驾驶车辆有关问题的思考〉《中国公共安全（学术版）》(1): 102-104.
61. 夏澂, 2015,〈自动驾驶汽车技术最新发展〉《新经济导刊》(7): 24-27.
62. 辛妍, 2016,〈自动驾驶汽车离我们有多远〉《新经济导刊》(Z1): 36-40.
63. 徐可・徐楠, 2015,〈全球视角下的智能网联汽车发展路径〉《中国工业评论》(9): 76-81.
64. 许占奎, 2015,〈无人驾驶汽车的发展现状及方向〉《科技展望》(32): 231.
65. 闫德利, 2017,〈2016 年人工智能产业发展综述〉《互联网天地》(2): 22-27.
66. 闫民, 2003,〈无人驾驶汽车的研究现状及发展方向〉《汽车维修》(2): 9-10.
67. 杨帆, 2014,〈无人驾驶汽车的发展现状和展望〉《上海汽车》(3): 35-40.
68. 杨震, 2016,〈自动驾驶技术进展与运营商未来信息服务架构演进〉《电信科学》(8): 16-20.
69. 应朝阳・路安・张青, 2015,〈美国自动驾驶车辆法规介绍〉《道路交通管理》(3): 84-86.
70. 余阿东・陈睿炜, 2017,〈汽车自动驾驶技术研究〉《汽车实用技术》(2): 124-125.
71. 远山之石, 2016,〈智能网联汽车发展综述及浅析〉《上海汽车》(7): 1-2,50.
72. 约瑟夫・A・达利格罗／李鲁, 2015,〈谷歌无人驾驶汽车将如何改变一切〉《中国科技翻译》(2): 61-64.
73. 张海波, 2014,〈电子技术在汽车上的应用与发展〉《电子制作》(2): 249.
74. 张翔, 2014,〈2014 年汽车 ADAS 技术的最新进展〉《汽车电器》(8): 4-7.
75. ———, 2015,〈自动驾驶汽车技术的发展趋势〉《汽车电器》(8): 1-3.
76. 张艳辉・徐坤・郑春花・冯伟・徐国卿, 2017,〈智能电动汽车信息感知技术研究进展〉《仪器仪表学报》(4): 794-805.
77. 赵炯・王伟, 2013,〈基于传感器融合技术的电动汽车自动驾驶系统的开发〉《制造业自动化》(5): 43-46.
78. 郑戈, 2017,〈人工智能与法律的未来〉《探索与争鸣》(10): 78-84.
79.《中国公路学报》编辑部, 2016,〈中国交通工程学术研究综述 2016〉《中国公路学报》(6): 1-161.
80. ———, 2017,〈中国汽车工程学术研究综述 2017〉《中国公路学报》(6): 1-198.

81. 周路菡, 2017,〈人工智能下一站——无人驾驶汽车〉《新经济导刊》(Z1): 89-93.
82. 朱盛镭, 2015,〈未来智能汽车产业发展趋势〉《上海汽车》(8): 1,13.

以上、2018 年 8 月 21 日調査時点

　学術書という本書の性質から、より専門的な知識を得られるような二次資料を中心に、現在入手可能な代表的著作物を、言語別に約 100 件ずつ収録したのが本目録である。一次データや最新情報については、ウェブ上に掲載の各国の政策や助成事業、各企業の製品情報やニュース、各種メディアの記事等を参照されたい。

　　　　　　　　　　　　石岡亜希子（日本語文献・英語文献・中国語文献（簡体字）調査）
　　　　　　　　　　　　二木正明（日本語文献調査協力）
　　　　　　　　　　　　榎本勇太（英語文献調査協力）

[著者略歴]

中嶋聖雄(なかじま・せいお)(編著者、序章・鼎談担当)

香港生まれ。カリフォルニア大学バークレー校、社会学 Ph.D.。

ハワイ大学マノア校社会学部助教授を経て、2014 年より早稲田大学アジア太平洋研究科准教授、2016 年より早稲田大学自動車部品産業研究所所長。

論文として、「現代中国映画産業『場』の生成、構造と変動:グローバルな連繋とナショナルな相反」『グローバル・メディアとコミュニケーション』(2016 年、原文英語)などがある。現在、現代中国映画産業に関する英文著書(『中国式の夢の工場:映画産業における制度変動、1978 〜 2017』)を執筆中。

高橋武秀(たかはし・たけひで)(編著者、第 1 章・鼎談担当)

1953 年生まれ、東京大学法学部第 1 類卒業。

1976 年通商産業省(現経済産業省)入省。2006 年社団法人日本自動車部品工業会(20011 年に一般社団法人日本自動車部品工業会に名称変更)専務理事・副会長に就任。同年早稲田大学自動車部品産業研究所客員研究員に就任、現在同研究所上席客員研究員兼早稲田大学客員教授。

2016 年株式会社日本商品清算機構に転籍、代表取締役社長。

自動車技術会会員、人工知能学会会員、日本ホスピタリティ・マネジメント学会会員、日本地域政策学会会員、日本環境感染学会会員。

小林英夫(こばやし・ひでお)(編著者、第 6 章・鼎談担当)

1943 年生まれ、東京都立大学大学院社会科学研究科博士課程単位取得退学。

駒澤大学経済学部教授、早稲田大学大学院アジア・太平洋研究科教授を経て、現在、早稲田大学名誉教授、早稲田大学自動車部品産業研究所顧問。

主な著書に『産業空洞化の克服』(中公新書、2003 年)、『アジア自動車市場の変化と日本企業の課題』(社会評論社、2010 年)、共著に『アセアン統合の衝撃』(西村英俊・浦田秀次郎と共著、ビジネス社、2016 年)、『ASEAN の自動車産業』(西村英俊と共編、序章・第七章・第 8 章担当、勁草書房、2016 年)ほか。

松島正秀（まつしま・まさひで）（第2章担当）
1948年生まれ、東海大学工学部卒。
本田技研工業㈱取締役、㈱本田技術研究所取締役副社長、㈱ショーワ代表取締役社長。

横山利夫（よこやま・としお）（第3章担当）
1979年㈱本田技研工業入社。㈱本田技術研究所に配属後、カーエレクトロニクス、主に自動車用電子燃料噴射システム（EFI）の研究開発に従事。和光基礎技術センターにて自動車用基礎研究に従事後、2000年 Honda R&D Americas Vice president、2003年 Honda Research Institute USA President としてコンピュータサイエンスの研究を推進。2005年㈱本田技術研究所 栃木研究所 上席研究員としてICT/ITS領域の研究開発を担当、2008年から未来交通システム研究室 室長。2012年から4輪開発センター ITS/自動運転領域の研究開発を担当し現在に至る。2014年から日本自動車工業会 自動運転検討会主査。

浦川道太郎（うらかわ・みちたろう）（第4章担当）
1946年生まれ、早稲田大学大学院法学研究科博士課程単位取得退学。
早稲田大学法学部助手・専任講師・助教授・教授（この間、早稲田大学広報室長、早稲田大学図書館長、早稲田大学法科大学院長を務める）を経て、現在、早稲田大学名誉教授。弁護士法人・早稲田大学リーガル・クリニック所属弁護士。
共著に『民法Ⅳ・債権各論［第3版補訂］』（藤岡康宏ほかと共著、有斐閣Sシリーズ、2009年）、共編著に『専門訴訟講座（4）医療訴訟』（民事法研究会、2008年）、翻訳書にE.ドイチュ/H.-J.アーレンス著『ドイツ不法行為法』（日本評論社、2008年）など。論文・判例評釈等多数。

和迩健二（わに・けんじ）（第5章担当）
1958年生まれ、京都大学大学院工学研究科修士課程修了。
運輸省入省、国土交通省自動車局技術企画課国際業務室長（この間WP29において98年協定執行委員会副議長、議長）、技術政策課長、北陸信越運輸局長、自動車局次長などを経て、現在、一般社団法人日本自動車工業会常務理事。

三友仁志（みとも・ひとし）（文献目録監修担当）
1956年神奈川県生まれ。筑波大学大学院社会工学研究科博士課程単位取得退学。博士（工学）。
専修大学商学部助教授、教授を経て、2000年4月早稲田大学国際情報通信研究センター教授。2002年

4月早稲田大学大学院国際情報通信研究科教授、2009年4月より早稲田大学大学院アジア太平洋研究科研究科教授。2018年9月より同研究科長。
International Telecommunications Society (ITS) 副会長、公益財団法人情報通信学会前会長、早稲田大学デジタル・ソサエティ研究所長。
代表的な著作に Hitoshi Mitomo, Hidenori Fuke and Erik Bohlin, The Smart Revolution Towards the Sustainable Digital Society: Beyond the Era of Convergence, 386 pages, Edward Elgar, 2015.

石岡亜希子（いしおか・あきこ）（文献目録担当）
1978年生まれ、早稲田大学大学院アジア太平洋研究科博士課程研究指導終了退学。
現在、早稲田大学自動車・部品産業研究所招聘研究員。
主な著作に「制度と『機会所有権』：中国における農村出身者の都市流入に関する社会学的考察」（王春光著、園田茂人と共訳、『アジア研究』第55巻第2号、2009年）、『天津市定点観測調査（1997-2010）』（園田茂人と第2章共著、早稲田大学現代中国研究所、2010年）、「東アジアの社会福祉制度に満足していないのはだれか？――アジアバロメーター2006の分析から」（アジアバロメーターワークショップ＆アジアンソシオロジーワークショップ2010論文集、2010年）（原文英語）、『障がい者の舞台芸術表現・鑑賞に関する実態調査報告書』（障がい者の舞台芸術表現・鑑賞に関する実態調査プロジェクトチームとして共編、日本財団パラリンピックサポートセンターパラリンピック研究会、2017年）。

二木正明（ふたぎ・まさあき）（文献目録担当）
1953年生まれ、早稲田大学理工学部電気工学科卒業、ソニー株式会社勤務を経て、早稲田大学大学院アジア太平洋研究科博士課程単位取得退学。
現在早稲田大学自動車部品産業研究所招聘研究員。
主な論文に『世界自動車部品企業の新興国市場展開の実情と特徴』（小林英夫・金英善・マーティン・シュレーダー編、柘植書房新社、2017年、第1章第3節担当）、「バスに乗り遅れた日本企業の現状と将来」『早稲田大学自動車部品産業研究所紀要18号』（2017年）、書評として、逢坂哲彌監修『自動運転』（『早稲田大学自動車部品産業研究所紀要19号』（2017年））、田中道昭著『2022年の次世代自動車産業　異業種戦争の攻防と活路』（『早稲田大学自動車部品産業研究所紀要20号』（2018年））。

榎本勇太（えのもと・ゆうた）（文献目録担当）
早稲田大学大学院アジア太平洋研究科修士課程修了

自動運転の現状と課題

2018 年 10 月 30 日　初版第 1 刷発行

編　著＊中嶋聖雄・高橋武秀・小林英夫
装　幀＊後藤トシノブ
発行人＊松田健二
発行所＊株式会社社会評論社
　東京都文京区本郷 2-3-10
　tel. 03-3814-3861/fax. 03-3814-2808
　http://www.shahyo.com/
組　版＊有限会社閏月社
印刷・製本＊株式会社ミツワ

Printed in Japan